省部级示范性高等职业院校重点专业建设规划教材

# 水电站厂房设计与施工

主　编　于建华　张　松
副主编　陈　奕　李　桢　徐正东
主　审　田明武

黄河水利出版社
·郑州·

## 内容提要

本书是省部级示范性高等职业院校重点专业建设规划教材，是为适应现代高职教育培养应用型、技能型人才的需求，结合示范建设对专业改革发展的要求，按照教育部颁布的水电站厂房设计与施工课程标准编写完成的。本书共分5个项目，主要内容包括：水电站厂房布置、水电站厂房结构分析与计算、水电站厂房构架设计、地基基础施工、主体结构施工等。

本书为高职高专水利工程施工、水利工程监理、水利水电建筑工程等专业的通用教材，可作为其他专业教材或教学参考书，同时可作为水利工程设计与施工的技术人员学习参考书。

**图书在版编目(CIP)数据**

水电站厂房设计与施工/于建华，张松主编.—郑州：黄河水利出版社，2014.11

省部级示范性高等职业院校重点专业建设规划教材

ISBN 978-7-5509-0943-4

Ⅰ.①水… Ⅱ.①于… ②张… Ⅲ.①水电站厂房-建筑设计-高等职业教育-教材 ②水电站厂房-工程施工-高等职业教育-教材 Ⅳ.①TV731

中国版本图书馆CIP数据核字(2014)第228623号

组稿编辑：王路平 电话：0371-66022212 E-mail:hhslwlp@163.com

出 版 社：黄河水利出版社

地址：河南省郑州市顺河路黄委会综合楼14层 邮政编码：450003

发行单位：黄河水利出版社

发行部电话：0371-66026940、66020550、66028024、66022620(传真)

E-mail:hhslcbs@126.com

承印单位：河南地质彩色印刷厂

开本：787 mm×1 092 mm 1/16

印张：8.5

字数：200千字 印数：1—2 000

版次：2014年11月第1版 印次：2014年11月第1次印刷

定价：19.00元

# 前 言

本书是根据国家“十二五”教育发展规划纲要及《中共中央 国务院关于加快水利改革发展的决定》(2011 年中央 1 号文件)、《国家中长期教育改革和发展规划纲要》(2010~2020 年)、《教育部关于全面提高高等职业教育教学质量的若干意见》(教高〔2006〕16 号)、《教育部关于推进高等职业教育改革创新引领职业教育科学发展的若干意见》(教职成〔2011〕12 号)等文件精神,按照现代水利职业教育要求,在总结水利类高等职业教育多年教学改革经验的基础上,在全国水利水电高职教研会指导下,结合示范建设对专业改革发展的要求编写的教材。

本套教材以学生能力培养为主线,融“教、学、练、做”为一体,“项目导向、任务驱动”,适合开展项目化教学,体现实用性、实践性和创新性的特色,是一套紧密联系生产实际的高职高专教育精品规划教材。

水电站厂房设计是比较复杂的。本书从高职高专教学要求出发,按照项目化教学要求,以实用、够用、会用为指导思想,从水电站厂区枢纽布置、水电站厂房结构分析与计算、水电站厂房设计、基础施工、厂房施工等方面阐述水电站的厂房设计的流程、基本的计算方法以及施工工艺。

本书内容按照项目化教学的要求编写,共分为 5 个项目,主要内容包括水电站厂房布置、水电站厂房结构分析与计算、水电站厂房构架设计、地基基础施工、主体结构施工等。

本书由四川水利职业技术学院和中国水利水电第三工程局有限公司共同编写,编写人员及编写分工如下:张松、于建华编写项目 1,李桢编写项目 2,陈奕编写项目 3,徐正东编写项目 4,王磊、张松编写项目 5。本书由于建华、张松担任主编,张松负责全书统稿;由陈奕、李桢、徐正东担任副主编;由田明武担任主审。中国水利水电第三工程局有限公司王磊对本书的编写提供部分资料并提出了很好的修改意见和建议。

本书在编写过程中,得到了水工专业群教学团队,以及刘建明、张智涌等的大力支持。本书还大量引用了有关专业文献和工程资料,未在书中一一注明,在此一并表示感谢!

由于编者水平有限,编写时间仓促,书中难免存在疏漏和不妥之处,敬请读者批评指正。

编 者

2014 年 8 月

# 目 录

# 项目1 水电站厂房布置

## 任务1 水电站厂房主要尺寸确定

【任务目标】 熟悉水电站厂房平面尺寸、立面高程拟定计算的基本流程，能正确进行厂房平、立面结构设计。

【任务主题】 水电站厂房平面尺寸、立面高程拟定计算。

【任务要求】 对主厂房结构尺寸控制要求进行分析，能正确进行主厂房平面尺寸、立面高程计算。

【执行计划】 教师需提供必要的咨询，引导学生进行设计基础资料认知；引入工程实际项目，组织学生进行自主学习，明确工作内容、工作目标，下达工作任务；讲解设计基础资料中水文、地质、水机、电气、水工各专业知识的应用及应注意的问题，以及在设计初始阶段对各专业提供资料的分析和使用方法。

【学习评价】 教师应针对学生提交的任务成果进行现场评价，从学生课堂的学习准备、主动质疑、主动释疑、学习态度进行学习评价；从学生工作任务的咨询能力、计划能力、实施能力进行任务过程评价；从学生成果展示的语言表达、工作思路、专业术语、汇报内容、亮点展示进行任务成果评价；从学生解决问题的依据、途径、方法、逻辑进行技术答辩评价，进而对任务成果质量进行综合评价。

### 1 主厂房平面尺寸的确定

水电站主厂房空间尺寸的设计原则是在满足设备布置和安装、维护、运行、管理的前提下，尽量减小厂房尺寸，降低造价。

主厂房主要尺寸的确定，即主厂房的长度、高度和宽度的确定。其中，长度和宽度称为主厂房的平面尺寸。

#### 1.1 主厂房长度的确定

主厂房的长度包括机组段长度 $L_0$（机组中心间距）、边机组段的加长 $\Delta L$ 和安装间长度 $L_安$。安装间长度一般为机组段长度的 1～1.5 倍，并考虑必要的水工结构分缝尺寸要求。

主厂房长度的计算公式如下：

$$L = nL_0 + L_安 + \Delta L \tag{1-1}$$

或

$$L = (n + 1 \sim 1.5) L_0 \tag{1-2}$$

##### 1.1.1 机组段长度 $L_0$

机组段长度是指相邻两台机组中心线之间的距离——机组间距。

机组段间距一般由下部块体结构中水轮机蜗壳的尺寸控制,在高水头情况下常由发电机定子外径控制。

(1)如图1-1所示,当机组段间距由蜗壳尺寸控制时:

$$L_0 = \text{蜗壳平面尺寸} + 2\Delta l \tag{1-3}$$

式中 $\Delta l$——蜗壳外混凝土结构厚度,混凝土蜗壳一般取0.8~1.0 m,金属蜗壳一般取1~2 m,边机组段一般取1~3 m,对于低水头大型轴流机组可取1.5~2.0 m。

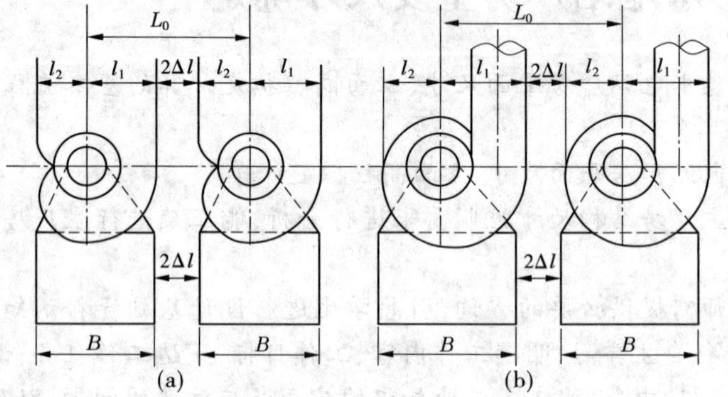


图1-1 蜗壳与机组间距的关系

(2)如图1-2所示,当机组段间距由发电机定子外径控制时:

$$L_0 = D_{风} + d \tag{1-4}$$

式中 $D_{风}$——发电机风罩外缘直径,发电机风罩壁厚一般取0.3~0.4 m;

$d$——相邻两风罩外缘之间通道的宽度(净距),一般取1.5~2.0 m,如两台机组间设置楼梯,取3.0~4.0 m。

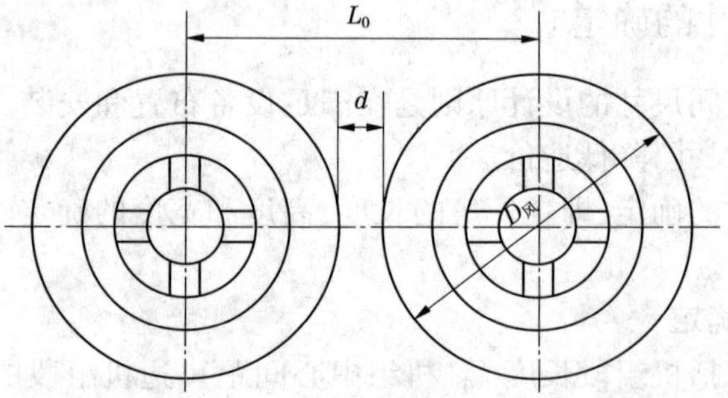


图1-2 发电机及其通风设备与机组间距的关系

机组段长度应综合考虑:厂房分缝、蜗壳和尾水管混凝土厚度的影响;水轮机层和发电机层的布置要求,包括排架柱的布置(每个机组段布置2~3跨排架);调速器接力器坑布置要求;楼梯、楼板孔洞和梁格系统的布置要求。

为了减小机组间距,最好不要将调速器、油压装置和楼梯等布置在两台机组中间。

(3)当机组段间距由尾水管尺寸控制时:

对称尾水管：
$$L_{+X} = \frac{B}{2} + \delta_2 \quad (1\text{-}5)$$
$$L_{-X} = \frac{B}{2} + \delta_2 \quad (1\text{-}6)$$
偏心尾水管：
$$L_{+X} = \frac{B}{2} + \delta_2 \pm d \quad (1\text{-}7)$$
$$L_{-X} = \frac{B}{2} + \delta_2 \mp d \quad (1\text{-}8)$$
机组段长度：
$$L_0 = L_{+X} + L_{-X} \quad (1\text{-}9)$$
式中 $B$——尾水管宽度；

$\delta_2$——尾水管混凝土边墩厚度，初步设计时可考虑取 1.5 ~ 2.0 m，大型机组取 2.0 m；

$d$——尾水管偏心距离，如对称尾水管，$d = 0$。

### 1.1.2 边机组段加长

$$\Delta L = (0.1 \sim 1.0) D_1 \quad (1\text{-}10)$$
式中 $D_1$——水轮机标称直径。

由于外侧有主厂房的端墙，为了使机组设备和辅助设备处于桥吊工作范围内，远离安装间一端的机组段需要加长 $\Delta L$。

### 1.1.3 安装间长度

安装间的长度一般与主厂房相同，一般取
$$L_{安} = (1.0 \sim 1.5) L_0 \quad (1\text{-}11)$$
安装间的长度，对于混流式机组和悬式水轮发电机采用偏小值，对于轴流式水轮机和贯流式水轮机采用偏大值。最后的尺寸应满足在起重机主钩起吊范围内，能容纳一台机组扩大性大修的要求。通常包括发电机转子、发电机上机架、水轮机转轮和水轮机顶盖等四大件的存放及相应的工作场地和运输工具，见表 1-1。

**表 1-1 安装间各部件吊装尺寸控制参考**

| 序号 | 部件 | 满足条件 | 用途 |
|---|---|---|---|
| 1 | 发电机转子 | 直径周围留 2.0 m 间隙 | 供安装磁极用 |
| 2 | 发电机上机架 | 周围留 1.0 m 间隙 | 供作通道用 |
| 3 | 水轮机转轮及顶盖 | 周围留 1.0 m 间隙 | 供作通道用 |

## 1.2 主厂房宽度的确定

以机组中心线为界，将厂房宽度分为上游侧宽度 $B_s$ 和下游侧宽度 $B_x$，如图 1-3 所示，则厂房总宽的计算公式如下：
$$B = B_x + B_s \quad (1\text{-}12)$$
在确定 $B_s$ 和 $B_x$ 时，应分别考虑发电机层、水轮机层和蜗壳层三层的布置要求。
$$B_s = \frac{\phi_3}{2} + \delta_3 + A \quad (1\text{-}13)$$

式中 $A$——风罩外壁至上游边墙内侧(或柱边)的净距,可根据上游侧电气设备和附属设备的布置及通道尺寸确定;

$\delta_3$——发电机风罩壁厚,一般取0.3~0.4 m;

$\phi_3$——发电机风罩内径。

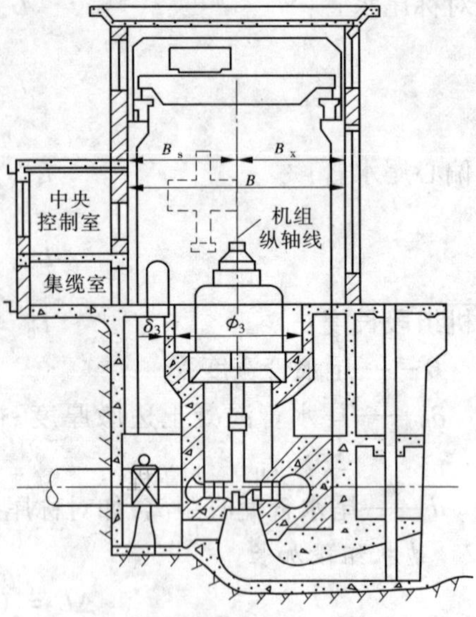


图1-3 主厂房宽度示意图

### 1.2.1 发电机层

首先决定吊运转子(带轴)的方式,若从下游侧吊运,则厂房下游侧宽度主要由吊运的转子宽度决定;若从上游侧吊运,则上游侧较宽。

发电机层交通应畅通无阻。主要通道宽2~3 m,次要通道宽1~2 m。

在机旁盘前还应留有1 m宽的工作场地,盘后应有0.8~1.0 m宽的检修场地,以便于运行人员操作。

### 1.2.2 水轮机层

一般上下游侧分别布置水轮机辅助设备(油、水、气管路等)和发电机辅助设备(电流电压互感器、电缆等)。以这些设备布置后,不影响水轮机层交通来确定水轮机层的宽度。

### 1.2.3 蜗壳层

蜗壳层一般由设置的检查廊道、进人孔等确定宽度。蜗壳和尾水管进人孔的交通要通畅,集水井水泵房设置应有足够的位置,以此确定蜗壳层平面宽度。

### 1.2.4 吊车标准宽度 $L_k$

当宽度基本确定后,最后要根据尺寸相近的吊车标准宽度 $L_k$ 验证,厂房宽度必须满足吊车安装的要求。

一般在高水头电站中,常由发电机层布置要求确定厂房的宽度,而在低水头电站中常由下部块体结构确定厂房宽度。

综上所述,厂房宽度可由下式确定(见表1-2):

$$B = B_{xm} + B_{sm} \tag{1-14}$$

表1-2 厂房宽度计算参考

| 部位 | $B_x$(机组中心线距厂房上游边墙内侧距离) | $B_s$(机组中心线距厂房下游边墙内侧距离) |
|---|---|---|
| 发电机层 | $B_{x1}$ | $B_{s1}$ |
| 水轮机层 | $B_{x2}$ | $B_{s2}$ |
| 蜗壳层 | $B_{x3}$ | $B_{s3}$ |
| 尾水管层 | $B_{x4}$ | $B_{s4}$ |
| 最大值 | $B_{xm}$(取 $B_{x1}$~$B_{x4}$ 中的最大值) | $B_{sm}$(取 $B_{s1}$~$B_{s4}$ 中的最大值) |

## 2 主厂房的高度及各层高程的确定

### 2.1 水轮机安装高程$\nabla_T$

水轮机安装高程是一个控制性高程，它取决于水轮机的机型、允许吸出高度和电站建成后厂房的下游最低水位。

其计算公式如下：

$$\nabla_T = \nabla_W + H_s + X \tag{1-15}$$

$$H_s = 10 - (\sigma + \Delta\sigma)H - \frac{\nabla}{900} \tag{1-16}$$

对混流式水轮机 $X = b_0/2$ (1-17)

对轴流式水轮机 $X = 0.41D_1$ (1-18)

式中 $\nabla_T$——水轮机安装高程，m；

$\nabla_W$——水电站正常运行时可能出现的最低下游水位，一般可取一台机组过流量相应的尾水位；

$H_s$——水轮机允许吸出高度，m；

$\sigma$——气蚀系数，根据水轮机特性曲线确定；

$\Delta\sigma$——气蚀系数的修正值，由水轮机厂家提供；

$H$——计算水头，m；

$\nabla$——水电站厂房所在地点的海拔高度，m；

$X$——水轮机压力最低点与安装高程之间的高差，与水轮机的型式有关；

$b_0$——导水叶高度。

水轮机的安装高程确定以后，就可以依据结构和设备的布置要求确定各层高程了。主厂房的各层高程如图1-4所示。

### 2.2 主厂房基础开挖高程$\nabla_F$

从水轮机安装高程$\nabla_T$向下减去到尾水管出口顶面的距离$h_3$，再减去所选用的尾水管出口高度$h_2$及尾水管底板混凝土厚度$h_1$（根据地基性质和尾水管结构型式而定，一般取1～2 m），就得到厂房基础开挖高程$\nabla_F$，即

$$\nabla_F = \nabla_T - (h_3 + h_2 + h_1) \tag{1-19}$$

其中，$h_2 + h_3$为尾水管的尺寸。

### 2.3 水轮机层地面高程$\nabla_1$

$$\nabla_1 = \nabla_T + h_4 \tag{1-20}$$

式中 $h_4$——蜗壳进口半径与蜗壳顶部混凝土层厚度之和，金属蜗壳顶部混凝土层厚度不小于1.0 m，混凝土蜗壳顶板厚根据结构计算确定，或根据国内外已建电站经验采用，然后根据结构设计时进行复核。

水轮机地面高程一般取100 mm的整数倍。

### 2.4 发电机装置高程$\nabla_G$

$$\nabla_G = \nabla_1 + h_5 + h_6 \tag{1-21}$$

式中 $h_5$——发电机机墩进人孔高度（一般取1.8～2.0 m），还须满足水轮机层附属设备

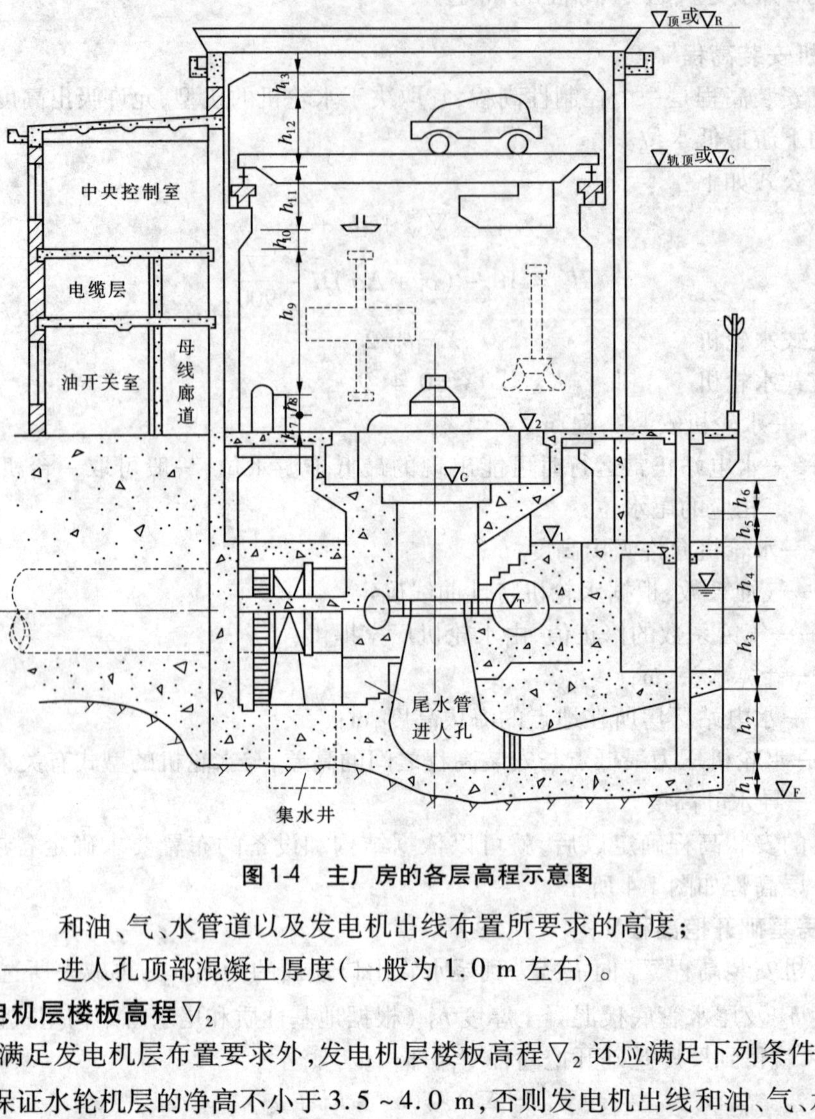


**图1-4 主厂房的各层高程示意图**

和油、气、水管道以及发电机出线布置所要求的高度；

$h_6$——进人孔顶部混凝土厚度(一般为1.0 m左右)。

## 2.5 发电机层楼板高程$\nabla_2$

除应满足发电机层布置要求外，发电机层楼板高程$\nabla_2$还应满足下列条件：

(1)保证水轮机层的净高不小于3.5~4.0 m，否则发电机出线和油、气、水管道布置困难。如果发电机层楼板面与水轮机层地面之间加设出线层，则出线层底面到水轮机层地面净高也不宜小于3.5 m。

(2)保证下游设计洪水不淹厂房。一般情况下，发电机层楼板面和装配场楼板面高程齐平。

上述条件并不是在任何情况下均必须满足。当河流洪水期与枯水期水位相差悬殊时，将发电机层楼板面设在下游设计洪水位以上是不经济的，这样会增加厂房下部结构部分的混凝土工程量。此时，可将发电机层楼板面高程布置在下游设计洪水位以下，并在厂房大门和对外的交通口，设置临时性插板以阻挡洪水，沿进厂的交通道路需设防水墙。

## 2.6 起重机(吊车)的安装高程$\nabla_C$

$$\nabla_C = \nabla_2 + h_7 + h_8 + h_9 + h_{10} + h_{11} \qquad (1\text{-}22)$$

式中 $h_7$ ——发电机定子高度和上机架高度之和(如果发电机定子为埋入式布置,$h_7$ 就仅为上机架的高度);

$h_8$ ——吊运部件与固定的机组或设备间的垂直净距,水平净距0.3 m,垂直净距0.6~1.0 m(如采用刚性夹具,为0.25~0.5 m);

$h_9$ ——最大吊运部件的高度,m;

$h_{10}$ ——吊运部件与吊钩间的距离(一般为1.0~1.5 m),取决于发电机起吊方式和挂索、卡具;

$h_{11}$ ——主钩最高位置(上极限位置)至轨顶面距离,可从起重机主要参数表查出。

### 2.7 屋顶高程 $\nabla_R$

应根据屋顶结构尺寸和型式确定,并应满足起重机部件安装与检修、厂房吊顶和照明设施布置等要求。

$$\nabla_R = \nabla_C + h_{12} + h_{13} + \text{屋顶结构厚度(梁、板、保温层等)} \tag{1-23}$$

式中 $h_{12}$ ——小车高度;

$h_{13}$ ——检修吊车需要在小车上方留有的距离,一般取0.5 m。

由此可确定厂房建筑顶部高程。

## 3 厂房尺寸确定的注意事项

确定厂房尺寸需要注意以下几个问题:

(1)厂房的长、宽、高三个方向的尺寸是相互联系的,任何一个尺寸的变化都会导致其他尺寸的变动。

(2)确定厂房尺寸的过程中,可能需要反复修改。

(3)上述确定厂房尺寸的基本原则和规律要灵活运用、全面分析,决不能简单套用、照搬照抄。

(4)上面给出的确定高程或尺寸的计算公式,仅仅是反映了其原理,不能简单背诵或套用。

(5)某些经验公式多是根据统计资料得出的,常用于可行性研究阶段或方案比较中。

地面厂房的布置决定主厂房长度和宽度,并应注意以下事项:

(1)尾水管和蜗壳一般均应按厂家提供的尺寸进行布置,如确有困难,征得厂家同意后可作某些方面的修改。

例如尾水管可作如下修改:

①水平扩散段采用窄高型尾水管,减小机组间距;

②高水头电站、尾水管用圆形断面,也可缩小机组间距;

③水平扩散段底板,在满足尾水管出口顶部有足够淹没深度的情况下可适当上翘,以减少厂房基础部分的开挖;

④适当加长尾水管,以便其上安设变压器或副厂房;

⑤改变高度及扩散角,以适应厂房布置;

⑥平面上尾水管中心线与机组中心线成夹角布置,或偏离布置以适应河道流向,便于尾水衔接。

又如蜗壳:金属蜗壳包角多为345°,不应作太大变动。混凝土蜗壳的包角一般在135°~270°,常用的为180°~225°,蜗壳断面常采用Γ形。但在某些情况下,如下游水位变幅较大,需抬高发电机层楼板高程,或为减少工程量,尾水管上翘一角度后而又需避免与蜗壳相交,抑或水下结构部分需布置泄水孔道等,可采用上凸的蜗壳断面形状。

(2)在一般情况下,混流式或轴流式水轮机机组间距由蜗壳平面尺寸加混凝土厚度尺寸决定。高水头电站由于单机引用流量小,机组间距由定子尺寸或发电机层机组周围电气设备布置尺寸决定。

坝后式厂房机组间距主要由蜗壳平面投影尺寸控制,混凝土厚度在1.0~2.3 m,据不完全统计,机组间距与水轮机转轮直径的比值约为4。

河床式厂房,蜗壳平面投影尺寸不完全是控制尺寸,这和选用水轮机混凝土蜗壳包角有关(一般选用包角180°)。从蜗壳混凝土厚度来看,差别较大,这和蜗壳内壁有无钢板衬砌关系较大,如有钢衬,钢筋混凝土结构即可考虑放宽限裂要求,混凝土壁厚可以减小,反之要增大。河床式厂房机组间距与水轮机转轮直径的比值为3.0~3.8。岸边式厂房机组间距与转轮的比值为4.4~6.0。

(3)发电机的布置常见的有定子外露布置、定子埋入布置、上机架埋入布置三种。第一种布置方式在大型机组中少见,因其占去发电机层楼板很多位置,显得拥挤,同时水轮机层高度小,不便在其间布置夹层。后两种布置方式虽要增加一些厂房高度但发电机层却较宽敞,由于提高了发电机层高程而增高了水轮机层高度,可利用增设中间层,故目前采用后两种布置方式较多。

(4)坝后式地面厂房机组段长度一般与坝体分缝相对应。

岸边式厂房除由蜗壳平面投影尺寸控制外,有的还受到引水隧洞间的岩壁厚度控制,如天生桥二级水电站厂房。在龙羊峡水电站设计中,引水钢管中心线与机组的 $Y$ 轴(顺水流方向)成30°角,使蜗壳平面最大尺寸不在厂房的纵轴线上,因而减小机组间距1 m。我国多数水电站厂房基础为基岩,一般一机一缝。在一些河床式厂房或小容量电站厂房也有两机一缝的。

(5)在河床式厂房中,往往在机组段兼设有泄流排沙孔,如葛洲坝水电站在机组两侧设冲沙孔,铜街子水电站在机组间设骑缝冲沙孔,故机组间距还应结合泄洪排沙孔布置研究确定。

(6)边机组段长度,除考虑中间机组段需考虑的因素外,还应考虑起重机吊钩的极限位置,保证起吊设备在吊钩极限位置以内,并留有余地。边机组段的加长与选用起重机台数有关,选用一台起重机时边机组加长相对要大。边机组段加长除满足起重机起吊机组设备要求外,有的还考虑了安装场地需要而加长,还有的电站为起吊主机间的进水阀也要求加长。这些应根据各水电站的实际情况决定。进水阀及其伸缩节一般布置在主厂房内,可利用主厂房内的吊车安装及检修进水阀,运行管理方便,布置紧凑,但可能因此而增加厂房的宽度和长度,吊车的跨度也有所加大。考虑到万一进水阀爆破,水流将淹没厂房,为此进水阀强度应适当加大。高水头的电站厂房都将进水阀布置在厂外,可另建进水阀室或利用岸边式地面厂房与后山坡的空槽内建阀室。机旁盘宜布置在主厂房发电机层与调速器同一侧,一般尽量靠近调速器的机械柜。如果是水斗式卧式机组,则安装间面积按发电机转子、水轮机转轮、发电机定子、水轮机机壳四部件考虑;如果是水斗式立式机组,则安装间面积按发电机转子、发电机上机架、水轮机转轮三部件考虑。

# 任务2 水电站厂区枢纽布置

【任务目标】 熟悉水电站厂区枢纽的组成、枢纽建筑物功能,熟悉常见厂区枢纽布置型式,正确、合理地应用设计规范进行水电站厂区枢纽建筑物的布置。

【任务主题】 水电站厂区枢纽布置。

【任务要求】 给出工程实际项目,根据相关设计规范进行厂区枢纽布置。

【执行计划】 教师通过对厂区枢纽的布置要求、原则的讲解,提出实际案例,使学生自主完成厂区枢纽布置设计并提交设计成果,对成果作出评价。

【学习评价】 教师针对学生提交的任务成果进行现场评价,从学生课堂的学习准备、主动质疑、主动释疑、学习态度进行学习评价;从学生工作任务的咨询能力、计划能力、实施能力进行任务过程评价;从学生成果展示的语言表达、工作思路、专业术语、汇报内容、亮点展示进行任务成果评价;从学生解决问题的依据、途径、方法、逻辑进行技术答辩评价,进而对任务成果质量进行综合评价。

## 1 厂区枢纽分类

水电站厂房型式往往是根据不同的地形、地质、水文等自然条件和水电站的开发方式、水能利用条件、下游水位的变化、水利枢纽的总体布置而定的。

### 1.1 地面式厂房

#### 1.1.1 河床式厂房

当水头较低、单机容量较大时,将厂房与整个进水建筑物连成一体,厂房本身起挡水作用,如图1-5所示。

图1-5 某电站河床式厂房

河床式厂房还有一种特殊型式,即为了满足泄洪、排沙的需要,将厂房机组装设在加宽的闸墩中,称为闸墩式厂房或墩内式厂房。

### 1.1.2 坝后式厂房

厂房位于拦河坝的下游，紧接坝后，在结构上与大坝用永久缝分开，发电用水由坝内高压管道引入厂房。有时为了解决泄水建筑物布置与厂房建筑物布置之间的矛盾，可将厂房布置成以下型式。

#### 1.1.2.1 坝后式明厂房

厂房在坝体下游，不起挡水作用，发电用水经坝式进水口沿压力管道进入厂房。这种型式的厂房适用于高、中水头，如图 1-6 所示。

(a)

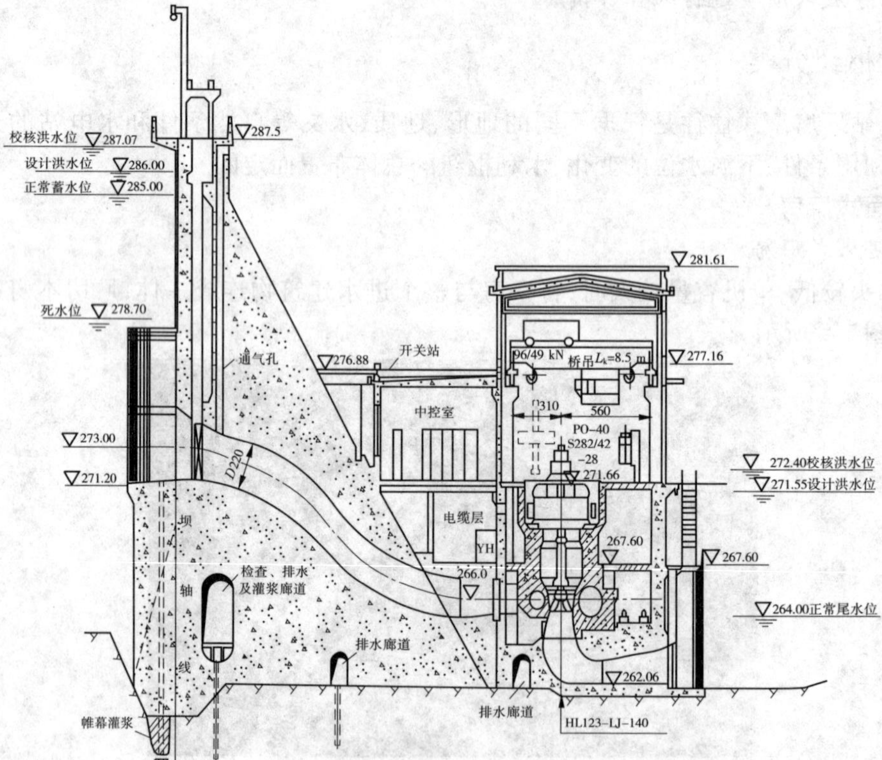


(b)

图 1-6 某坝后式明厂房 (单位：尺寸，cm；高程，m)

1.1.2.2 坝垛式厂房

厂房布置在连拱坝、支墩坝或平板坝之间,如图 1-7 所示。

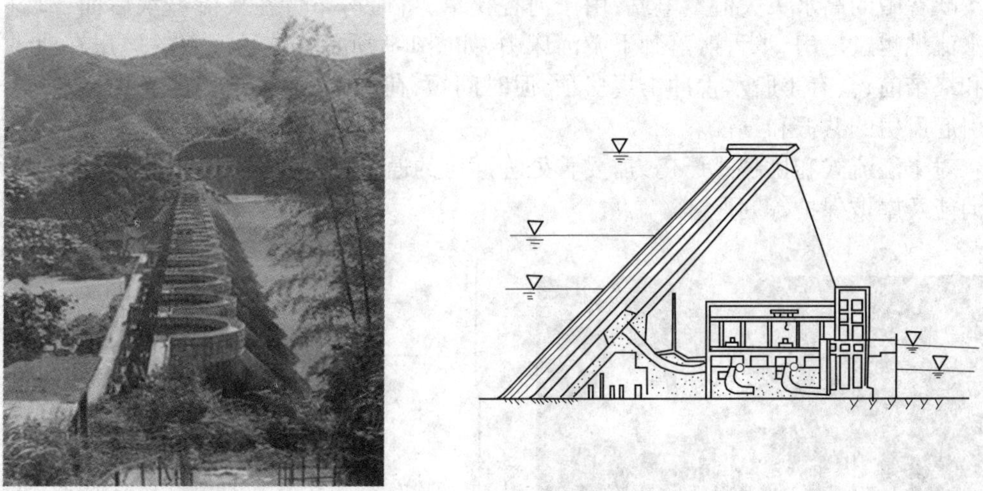

(a) (b)

**图 1-7 佛子岭水电站坝垛式厂房**

1.1.2.3 溢流式厂房

当河谷狭窄、泄洪量大、机组台数多、地质条件差、不能采用地下厂房而又要求保证有一定溢流段时,将厂房布置于坝后溢流坎下,厂房顶作为溢洪道,成为坝后溢流式厂房,如图 1-8 所示。这种厂房结构要求能抵抗高速水流荷载,溢流面施工要求平滑,使泄洪时不发生震动和气蚀,因此厂房计算复杂,施工质量要求高。溢流式厂房通常是承受中、高水头的电站厂房。

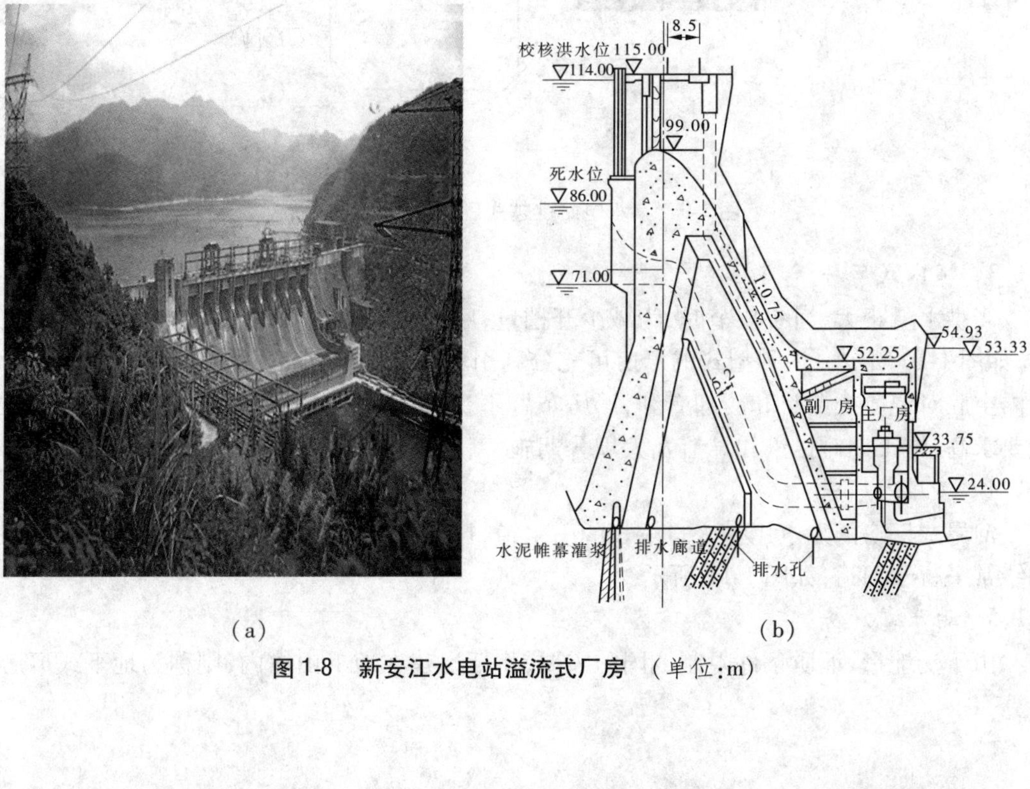


(a) (b)

**图 1-8 新安江水电站溢流式厂房** (单位:m)

1.1.2.4　挑越式厂房

峡谷中的高水头大流量电站，由于河谷狭窄，将厂房布置在挑流鼻坎后面，泄流时高速水流挑越过厂房，水舌射落到下游河床中，如图1-9所示。这种型式的厂房在泄洪开始时和终结前，会有小股水舌冲击厂房顶，但时间短，荷载不大，不会对厂房构成威胁，也不致引起厂房的共振和气蚀。

对于溢流式和挑越式厂房，需妥善处理厂房的通风、照明、防潮、出线、交通、排水和下游消能及岸坡保护等问题。

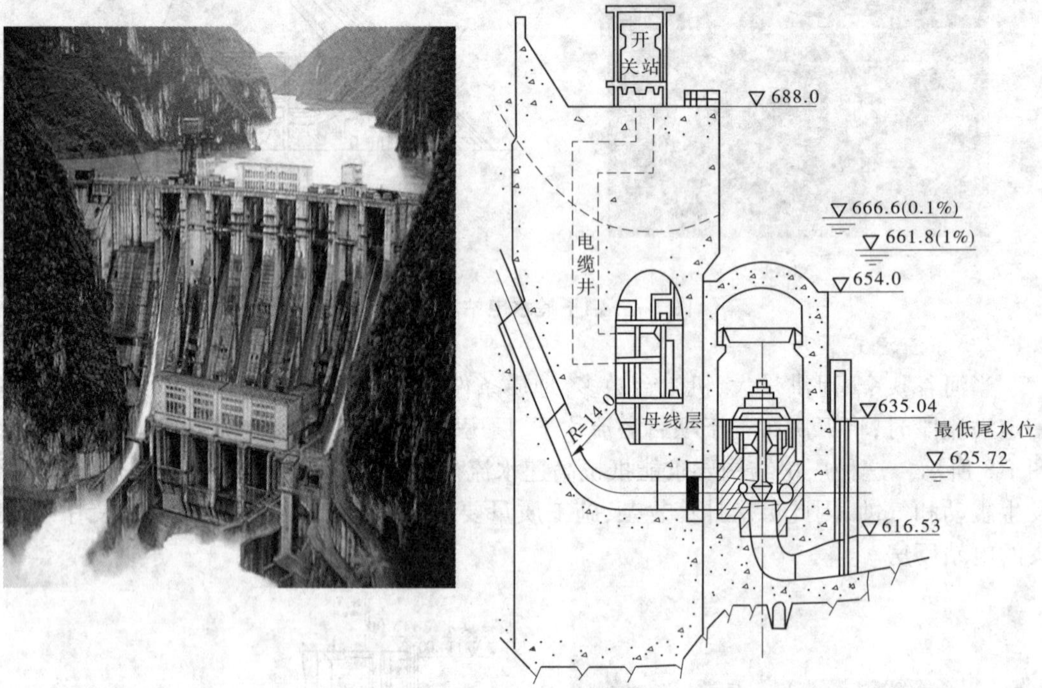


(a)　　　　(b)

**图1-9　某水电站挑越式厂房**　（单位：m）

1.1.3　坝内式厂房

当洪水量很大、河谷狭窄时，为减少开挖量，厂房移入溢流坝体空腹内，与大坝合为一体，如图1-10所示。这种型式的厂房可充分利用坝体强度，节省混凝土工程量。施工时，坝内空腔对混凝土散热和冷却有利，厂房布置不受下游水位变化的限制。但坝体施工质量要求高，施工期对拦洪和导流及大坝分期施工、蓄水等方面不如实体坝。

1.1.4　河岸式厂房

河岸式厂房的发电用水来自较长的引水道，厂房远离挡水建筑物，一般位于河岸，其轴线常平行于河道，如图1-11所示。

1.1.5　地下式厂房

由于受地形、地质条件限制或国防需要，将厂房建在地下山体内，则称为地下式厂房，

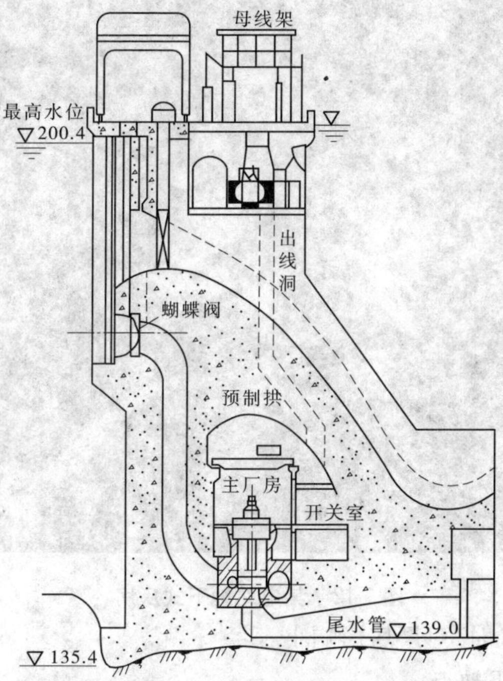


图 1-10 某坝内式厂房剖面

图 1-11 河岸式厂房

如图 1-12 所示。

地下式厂房具有以下优点：

(1)当河谷较狭窄、泄洪量较大时,可解决厂房和泄洪建筑物的矛盾,与施工导流及大坝施工无干扰。

(2)枢纽布置较灵活。可根据地质条件将厂房布置于引水建筑物的不同位置,如靠近进水口形成“首部式”,布置在引水道末端形成“尾部式”,布置在引水道中部形成“中部式”。

(3)基本不受气候影响,可全年施工。

(4)运行安全可靠,不受雪崩、山坡塌方影响,人防条件好。

图1-12 某电站地下式厂房

(5)下游水位变化大时,对厂房影响小。

地下式厂房具有以下缺点:

(1)地勘工作量和洞挖工程量大。

(2)施工较复杂。

(3)照明、采光、通风必须采取人工措施,厂用电量大。

## 1.2 抽水蓄能电站厂房

抽水蓄能电站设上游和下游两个水库,利用电网负荷较小时的电力驱动水泵,将下游水库的水抽至上游水库蓄存,高峰负荷时,将上游水库的水下放,利用水的势能冲动水轮机带动发电机发电。

三机式机组包括发电机(兼作电动机)、水轮机和水泵。

二机式可逆机组包括发电机(兼作电动机)和水轮机(兼作水泵)。

## 1.3 潮汐电站厂房

潮汐电站是利用海水涨落形成的潮汐能发电的电站。其原理是:涨潮时,关闭水闸,海水位比库水位高,海水通过水轮机流入水库发电;退潮时,库水位高于海水位,水库水通过水轮机流向海洋发电。

潮汐电站的厂区布置是指以水电站的主厂房为核心,合理安排主厂房、副厂房、主变压器场、高压开关站、引水道、尾水道及厂区交通的相互位置。进行厂区布置时,要综合考虑水电站枢纽总体布置、地形地质条件、运行管理、环境设计等各方面的因素,根据具体情况,拟订出合理布置方案。其厂区布置原则如下:

(1)综合考虑自然条件、枢纽布置、厂房型式、对外交通、厂房进水方式等因素,使厂区各部分相互协调,避免干扰。

(2)既要照顾厂区各组成部分的不同作用和要求,又要考虑它们的联系与配合,统筹兼顾,共同发挥它们的作用。

(3)要充分考虑施工条件、程序、导截流方式等的影响,尽量利用施工场地周围的铁路、公路、建筑物,且还应考虑电站的分期建设、分期投产等问题。

(4)必须避免在陡坡、危岩、构造破碎带等处布置建筑物,保证厂区所有建筑物和设备都是安全可靠的。

(5)满足环保的要求。

(6)尽量选择电站工程量最少、投资最省、经济效益最高的方案。

## 2 厂区枢纽布置

厂区枢纽布置是指水电站的主厂房,副厂房、主变压器场、高压开关站、引水道、尾水道及对外交通线路的布置。

### 2.1 主厂房

主厂房是厂区的核心,对厂区布置起决定性作用,其位置的选择是在水利工程枢纽总体布置中进行的,除注意厂区各组成部分的协调配合外,还应考虑下列因素:

(1)尽量减小压力水管的长度。因此,对于坝后式水电站,主厂房应尽量靠近拦河坝;对于引水式水电站,主厂房应尽量靠近前池和调压室。

(2)尾水渠尽量远离溢洪道或泄洪洞出口,防止水位波动对机组运行不利。尾水渠与下游河道衔接要平顺。

(3)主厂房的地基条件要好,对外交通和出线方便,并不受施工导流干扰。

### 2.2 副厂房

副厂房可选的位置包括:

(1)主厂房的上游侧。适用于坝后式水电站,如用于引水式水电站可能开挖量增加,且通风采光不好。

(2)尾水管顶板上。影响主厂房的通风、采光,需加长尾水管,从而增加工程量。由于尾水管在机组运行时振动较大,不宜布置中央控制室及继电保护设备。

(3)主厂房的两端。当机组台数多时,这种布置会增加母线及电缆的长度。

### 2.3 主变压器场

#### 2.3.1 主变压器场的布置原则

主变压器的位置应结合安装、检修运输、消防通道、进线与出线、防火防爆的要求确定。

(1)尽量靠近厂房,以缩短昂贵的发电机电压母线长度,减小电能损失和故障机会,并满足防火、防爆、防雷、防水雾和通风冷却的要求,保证安全可靠。

(2)尽量与安装间在同一高程上,便于主变压器的运输、安装和利用轨道推进厂房的安装间进行检修。

(3)变压器的运输和高压侧出线要方便,且变压器之间要留必要空间。

(4)高程应高于下游最高洪水位,且四周设置排水沟。

2.3.2 升压变压器可能布置的位置

(1)坝后式厂房,可以利用厂坝之间的空间布置升压变压器。

(2)河床式厂房,由于尾水管较长,可将升压变压器布置在尾水平台上,这时尾水平台的宽度,应使升压变压器在检修移出时符合最小安全净距的要求(详见电气设备规范)。

(3)引水式地面厂房,变压器场可能的位置是厂房的一端进厂公路旁、尾水渠旁、厂房上游侧或尾水平台上。

(4)由于地形和场地的限制,个别水电站将主变压器布置在厂房顶上。地下厂房的主变压器可布置在地下洞室内。

## 2.4 高压开关站

高压开关站布置各种高压配电装置和保护设备,如电缆、母线、各种互感器、各种开关继电保护装置、防雷保护、输电线路以及杆塔构架。

高压开关站一般为露天布置。应尽量靠近主变压器场和中央控制室,且在同一高程上。

通常布置在附近山坡上,也有布置在主厂房顶上的。

当地形较陡时,可布置成阶梯式或高架式,以减少挖方。当高压出线不止一个等级时,可分设两个或多个开关站。

## 2.5 引水道、尾水道及对外交通线路的布置

引水道一般为正向引水,尽可能保证进、出水水流平顺。当水管直径很小且根数较少时,也可侧向引水。

水电站的尾水渠一般为明渠,正向将尾水导入下游河道,少数情况也可侧向导入下游河道。水轮机的安装高程较低,为与天然河道相接,尾水渠常为倒坡。尾水管出口水流紊乱,流速分布不均匀,需设衬砌加以保护。布置尾水渠时要考虑泄洪的影响,避免泄洪时在尾水渠中形成较大的壅高和旋涡,避免出现淤积。必要时要加设导墙,将电站尾水与泄洪分开,减少电站尾水波动,影响水电站的出力。

对外交通一般为公路,也有采用铁路或水路的。引水式厂房一般沿河岸布置,进厂公路可沿等高线从厂房一端进入厂房。坝式电站进厂公路一般从下游侧进入。

公路、铁路要直接通入主厂房的安装间,临近厂房一段应是水平的,长度不小于20 m,并有回车场地。公路的坡度不宜大于10% ~12%,转弯半径大于20 m。

对于高尾水的水电站厂房,布置高线进厂交通有困难,或尾水位陡涨陡落、洪峰历时较短的厂房,经论证,其进厂交通线也可低于非常运用洪水位,此时厂房应满足防洪要求,同时另设非常运用洪水位时不受阻断的人行通道。

厂区布置方案实例如图 1-13 所示,厂区枢纽平面布置实例如书后附图 1 和附图 2 所示。

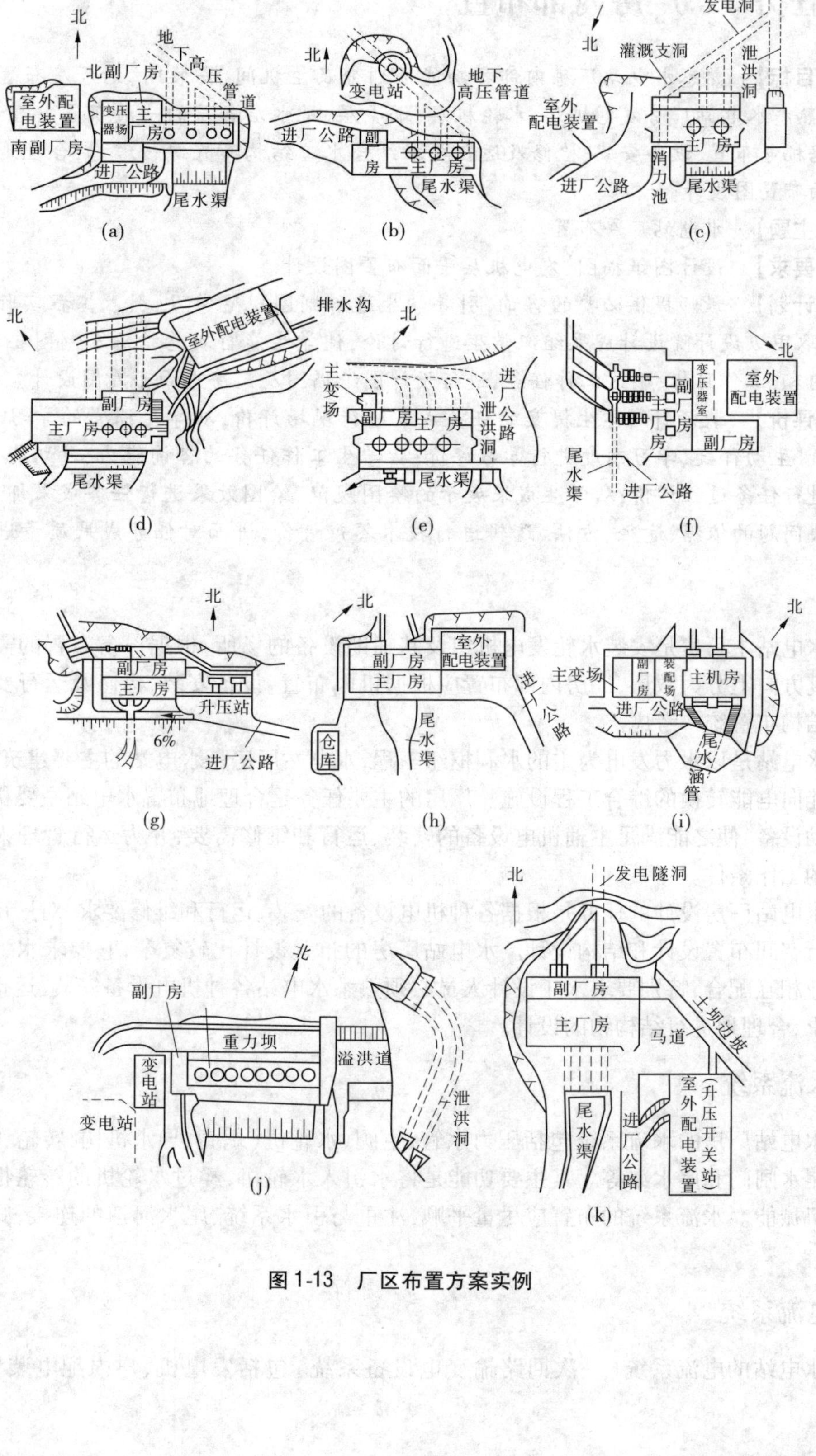


图1-13 厂区布置方案实例

# 任务3　厂房内部布置

**【任务目标】**　熟悉水电站厂房内部各功能区划分及主机间、安装间、副厂房布置的一般要求，熟悉水电站厂房发电机层、水轮机层、蜗壳层、尾水层各层的一般布置内容和要求，能根据机电布置、设备安装、检修及运行要求结合水工结构布置统一考虑，合理地进行厂房平面布置图设计。

**【任务主题】**　水电站厂房布置。

**【任务要求】**　设计图纸描图、发电机层平面布置图设计。

**【执行计划】**　教师提供必要的咨询，引导学生进行制图规范学习；引入工程实际案例分析，选取甲级设计院设计成果组织学生进行讨论，使学生能自我总结基本制图要求；明确工作内容、工作目标、下达工作任务，进行设计图纸描图及厂房平面布置图设计。

**【学习评价】**　教师针对学生提交的任务成果进行现场评价，从学生课堂的学习准备、主动质疑、主动释疑、学习态度进行学习评价；从学生工作任务的咨询能力、计划能力、实施能力进行任务过程评价；从学生成果展示的绘图规范、绘图效果进行任务成果评价；从学生解决问题的依据、途径、方法、逻辑进行技术答辩评价，进而对任务成果质量进行综合评价。

水电站主厂房是安装水轮发电机组及其辅助设备的场所，根据设备布置的需要通常在高度方向上分为数层，厂房内部布置应根据机电布置、设备安装、检修及运行要求结合水工结构布置统一考虑。

水电站是以水力发电为主的水利枢纽工程，水电站厂房是水电站的主要建筑物，是实现水能向电能转换的综合工程设施。厂房的主要任务是合理地布置水电站主要机电设备和辅助设备，使之能满足主辅机电设备的安装、运行和维修需要，并为运行管理人员提供良好的工作条件。

水电站厂房设计的任务是根据各种机电设备的安装、运行和维修要求，对厂房的建筑物进行空间布置设计和结构设计。水电站厂房的布置设计比较复杂，它要求水、机、电等各专业相互配合，特别要求水工设计人员必须熟悉水电站各种机电设备安装、运行和维修的要求，合理地进行结构物的设计。

## 1　水流系统

水电站厂房的水流系统包括压力水管、主阀、水轮机（蜗壳、导水机构、转轮、尾水管）以及尾水闸门和尾水渠等。其主要功能是将水引入水轮机，经过水轮机的转轮把水能转换为机械能。水流系统的布置应尽量平顺，注重与引水系统、尾水河道的连接，减少水头损失。

## 2　电流系统

水电站的电流系统（一次回路输变电设备系统）包括发电机、户内配电装置（开关柜)、主变压器、户外配电装置(开关站)等四大部分。发电过程是水轮机带动发电机,发电机将机械能转化为电能,电流由发电机定子引出,通过母线引至户内配电装置,再输送到变压器,升压后,经过开关站,最后输送到电网。电流系统的四大部分之间是用昂贵的母线相连接的,因此它们的连接必须平顺,路程尽量短。

## 3 水轮发电机组的附属设备、辅助设备和电气二次回路控制设备

### 3.1 水轮发电机组附属设备

水轮机的附属设备是指水轮机的调速系统,它包括调速器的操作柜及其油压装置、自动化装置和接力器(作用筒)等。发电机的附属设备是励磁系统,它包括励磁机、励磁调节装置(励磁盘)等,也有些小型水轮发电机组利用励磁变压器来提供励磁电流。

### 3.2 辅助设备

水电站厂房的辅助设备主要有油、气、水系统,起重设备,各种试验和维修设备等。

### 3.3 电气二次回路控制设备

二次回路控制设备主要包括以中央控制室为中心的控制、保护、检测、监视、自动及远动装置,通信及调度设备,直流系统设备和机旁控制盘等部分。中央控制室是厂房运行人员值班的主要场所,其主要设备包括控制盘、继电保护屏、电厂自动化元件、厂用电动力屏、直流电源及其控制设备等。机旁控制盘包括机组自动操作盘、继电保护盘、测量盘和动力盘等,一般布置在发电机附近。

水电站厂房的机电设备系统如图1-14所示。某水电站厂房横剖面图如图1-15所示。

## 4 发电机层设备布置

发电机层为安放水轮发电机组及辅助设备和仪表表盘的场地,也是运行人员巡回检查机组、监视仪表的场所。其主要设备有发电机、油压装置、机旁盘、调速柜、励磁盘、蝶阀孔、楼梯、吊物孔等,如图1-16所示。

(1)机旁盘(自动、保护、量测、动力盘)。与调速器布置在同一侧,靠近厂房的上游或下游墙。

(2)调速柜。应与下层的接力器相协调,尽可能靠近机组,并在吊车的工作范围之内。

(3)励磁盘。为控制励磁机运行而设置,常布置在发电机近旁。

(4)蝶阀孔。如果在水轮机前装设蝴蝶阀,则其检修需要在发电机层的安装间内进行,这就需要在发电机层与其相应的部位预留吊孔,以方便检修和安装。

(5)楼梯。每隔一段距离需要设置一个楼梯,一般两台机组设置一个。由发电机层到水轮机层至少设两个楼梯,分设在主厂房的两端,便于运行人员到水轮机层巡视和操作、及时处理事故。楼梯不应破坏发电机层楼板的梁格系统。

(6)吊物孔。在吊车起吊范围内应设供安装检修的吊物孔,以沟通上下层之间的运输,一般布置在既不影响交通又不影响设备布置的地方,其大小与吊运设备的大小相适应,平时用铁盖板盖住。

发电机层平面设备布置应考虑在吊车主、副钩的工作范围内,以便楼面所有设备都能由厂内吊车起吊。

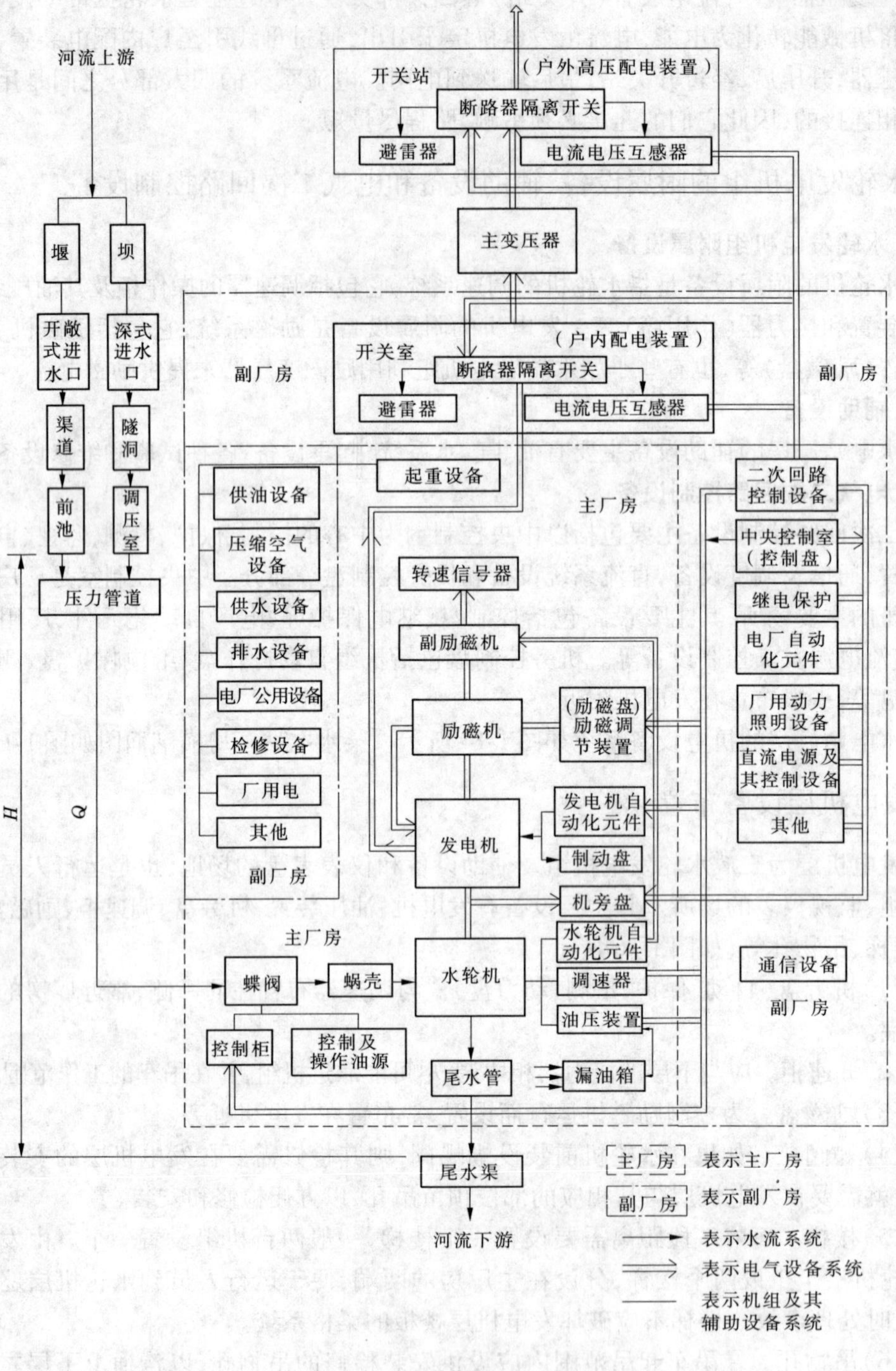


图1-14　水电站厂房的机电设备系统

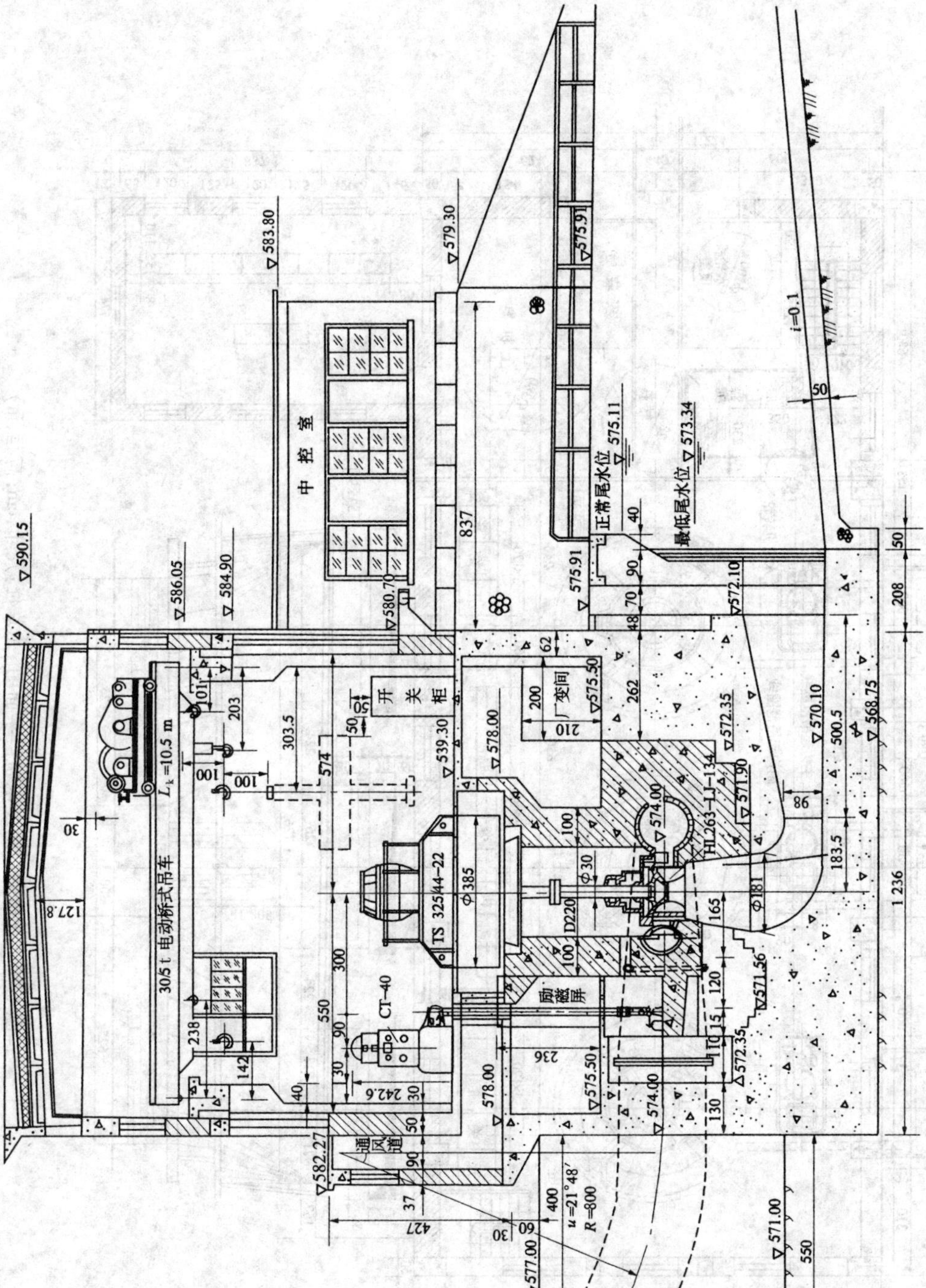


图1-15 某水电站厂房横剖面（单位：尺寸，cm；高程，m）

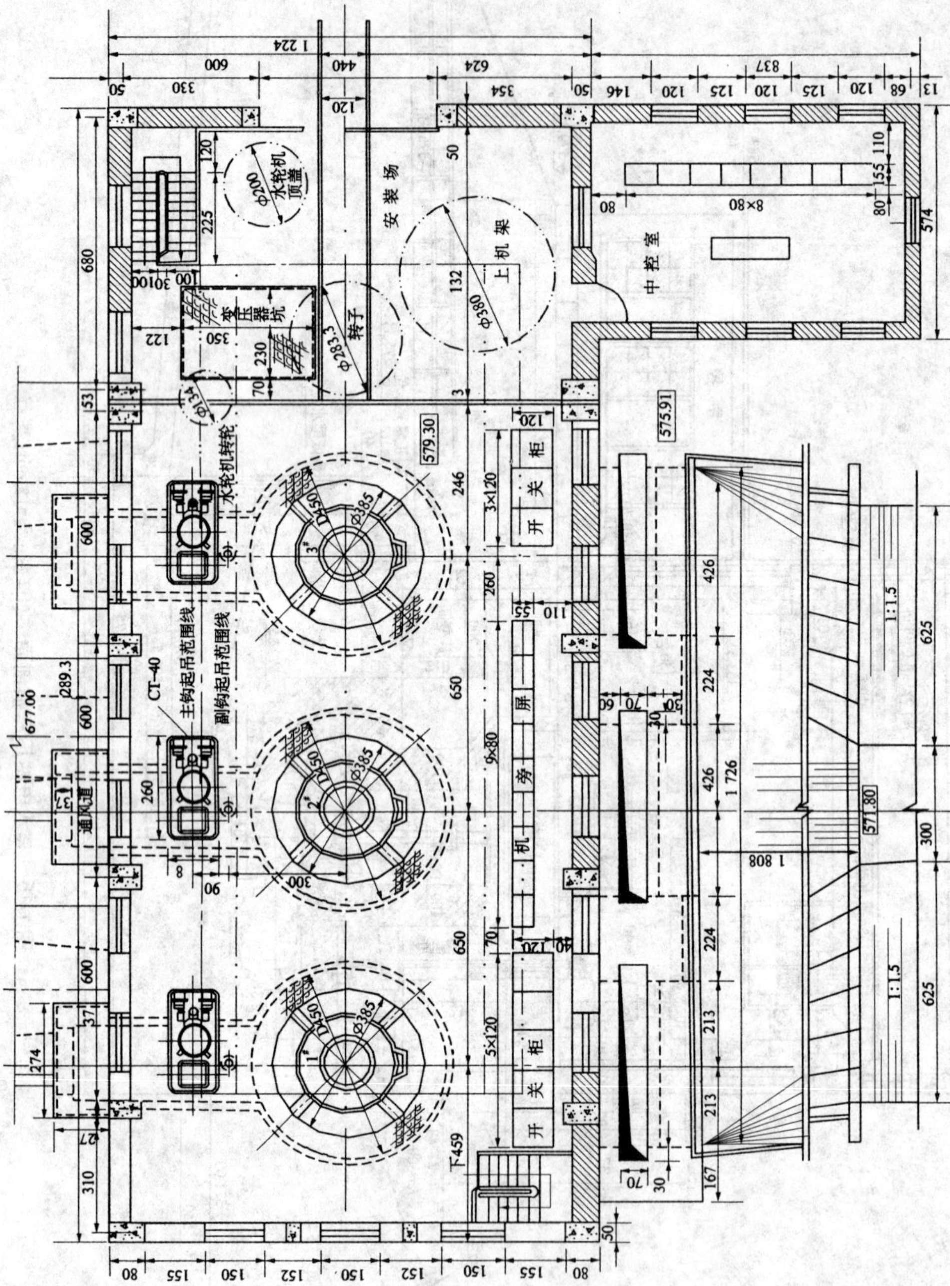


图1-16 水电站厂房发电机层平面图（单位：尺寸，cm；高程，m）

## 5 水轮机层设备布置

水轮机层是指发电机层以下、蜗壳大块混凝土以上的这部分空间。在水轮机层一般布置调速器的接力器，水力机械辅助设备（如油、气、水管路），电气设备（如发电机引出线、中性点引出线、接地、灭磁装置等），厂用电的配电设备，如图1-17所示。

(1)调速器的接力器。位于调速器柜的下方，与水轮机顶盖连在一起，并布置在蜗壳最小断面处，因为该处的混凝土厚度最大。

(2)电气设备的布置。发电机引出线和中性点侧都装有电流互感器，一般安装在风罩外壁或机墩外壁上。小型水电站一般不设专门的出线层，引出母线敷设在水轮机层上方，而各种电缆架设在其下方。水轮机层比较潮湿，对电缆不利。对发电机引出母线要加装保护网。

(3)油、气、水管道。一般沿墙敷设或布置在沟内。管道的布置应与使用和供应地点相协调，同时避免与其他设备相互干扰，且与电缆分别布置在上下游侧，防止油气水渗漏对电缆造成影响。

(4)水轮机层上、下游侧应设必要的过道。主要过道宽度不宜小于1.2～1.6 m。水轮机机墩壁上要设进人孔，进人孔宽度一般为1.2～1.8 m，高度不小于1.8～2.0 m，且坡度不能太陡。

## 6 蜗壳层的布置

图1-18所示为某水电站厂房蜗壳层平面布置，蜗壳层除过水部分外，均为大体积混凝土，布置较为简单。

## 7 主阀

当引水式电站采用联合供水或分组供水时，在蜗壳进口前设置一道快速闸门或蝴蝶阀，一般称为主阀。

主阀可以装设在厂内也可以装设在厂外，设在厂内时运行、管理、安装等都比较方便，但增加了厂房宽度。主阀的上游侧要安装伸缩节，以方便其拆装。主阀布置在主阀层内，其控制设备就近布置。

## 8 进人孔

在下部块体结构中要设有通向蜗壳和尾水管的进人孔，并设置通道。一般进人孔的直径为60 cm，进人孔通道尺寸不小于1 m×1 m。

一般电站在蜗壳层以下的上游侧或下游侧均设有检查、排水廊道，作为运行人员进入蜗壳、尾水管检查的通道，有的电站还兼作到水泵室集水井的过道。

集水井位于全厂最低处，除要求能容纳运行时的渗漏水外，还要担负机组检修时的集水、排水任务。

排水泵室一般布置在集水井的上层，由楼梯、吊物孔与水轮机层连接。电站排水都通向下游尾水渠。

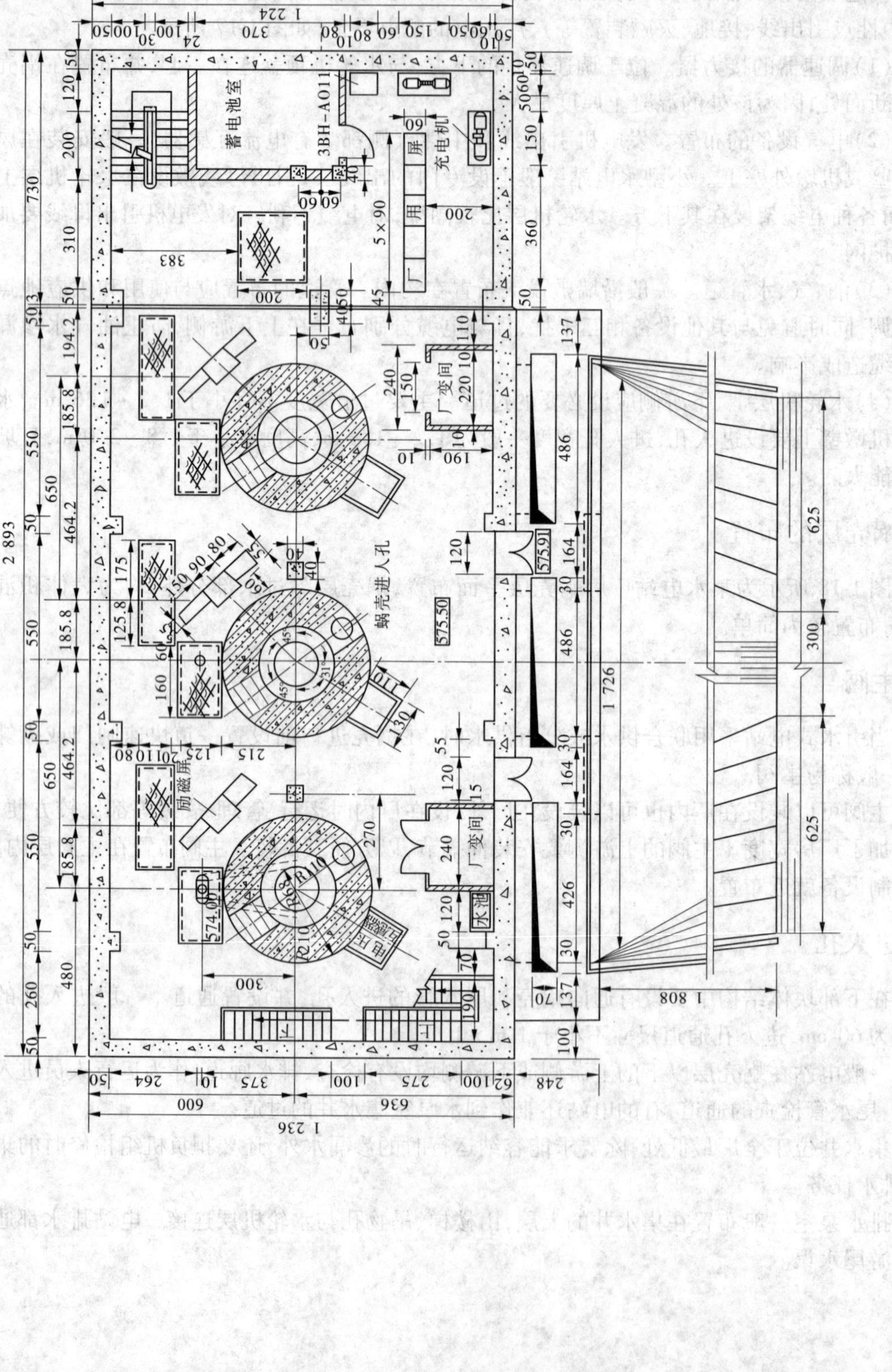


图1-17　水电站厂房水轮机层平面图（单位：尺寸，cm；高程，m）

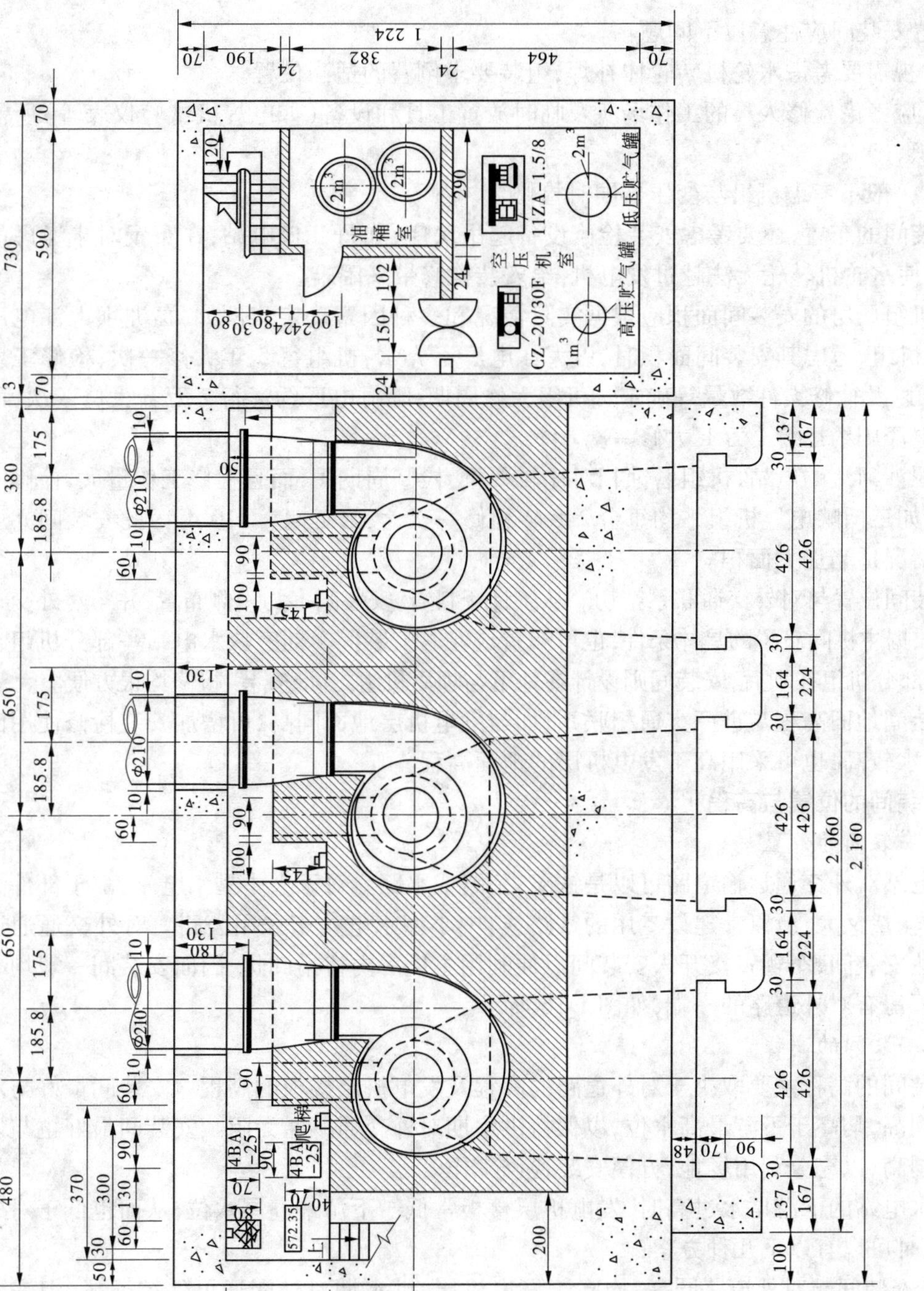


图 1-18　水电站厂房蜗壳层平面图（单位：尺寸，cm；高程，m）

# 9 安装间的布置

布置安装间应注意以下问题：

(1)视需要考虑水轮机转轮体补焊，组装要求倒置的适当位置。

(2)应考虑检修人员的工作场所及临时放置工具和设备(如电焊机试验仪表等)所需场地面积。

(3)一般不考虑机组与变压器同时检修。

安装间的布置，还要考虑安装检修设备起吊次序，如丹江口电站，在布置时未考虑吊装次序，使水轮机转轮无法越过发电机，给安装检修带来困难。

多机组厂房的安装间面积应根据实际情况和多种因素确定。例如，葛洲坝大江电厂共14台机组，考虑其安装间面积时，以大江电厂不弃水，机组每5年大修一次，检修工期3~4月，以及检修大件数量等确定。机组大修周期，陈村电厂约运行2万h大修一次，而乌江渡电厂则约运行1万h大修一次。

多泥沙河流的电站，机组磨蚀相对比较严重，检修周期短，而且检修工作量大，检修工期长，例如三门峡电厂机组平均每台2.8年检修一次，大修工期为110 d，因此安装间亦可视具体情况适当加大面积。

安装间位置与对外交通联系密切。从统计资料看，安装间多为一侧布置，并与对外交通同侧。根据主机间布置的具体条件，也可布置成左右安装间。刘家峡水电站一部分机组在地下，一部分机组在坝后，安装间则设计在地下与坝后机组之间，安装、检修均很方便。

安装间地面高程与进厂交通相联系，如与发电机层地面同高，可增加安装检修使用面积；如尾水较高，也可采用高于发电机层的地面高程。

## 9.1 安装间的位置与高程

### 9.1.1 安装间的位置

水电站对外交通运输道路可以是铁路、公路或水路。对于大中型水电站，由于部件大而重，运输量又大，所以常建设专用的铁路线；中小型水电站多采用公路。对外交通通道必须直达安装间，车辆直接开入安装间以便利用主厂房内桥吊卸货，因而安装间一般均布置在主厂房有对外道路的一端，如图1-16所示。

### 9.1.2 安装间的高程

安装间的高程主要取决于对外道路的高程及发电机层楼板的高程。安装间最好与对外道路同高，均高于下游最高水位，以保持洪水期对外交通畅通无阻。安装间最好也与发电机层同高，以充分利用场地，方便安装检修工作。

当水电站的下游尾水过高时，发电机层楼板常低于下游最高尾水位，从而也低于对外道路，这时可以有以下几种方案：

(1)安装间与对外道路同高，均高于发电机层，洪水期对外交通可保持通畅，但安装间与发电机层相邻部分的场地不能加以充分利用，因此安装间可能要稍加长些，同时桥吊的安装高程将取决于在安装间处吊运最大部件的要求，整个主厂房将加高。

(2)安装间与发电机层同高，均低于下游最高水位。这时又有两种处理方式。一种是对外道路在靠近厂房处下坡，由低于下游最高水位处起在路边筑挡水墙，挡水墙一直接主厂房。这种方式的好处是可保持对外交通通畅,但下游水位很高时挡水墙的工程量会过大。另一种是将主厂房大门做成挡水闸门,洪水时将大门关闭,断绝对外运输,值班人员可由高处的通道进入厂房。

(3)安装间与发电机层同高,而在安装间上专门划出一块货车停车卸货处,此停车处高于安装间而与对外道路同高。这时安装间场地不能充分利用,而厂房的高度可能取决于卸货的要求。

## 9.2 安装间的面积和布置

### 9.2.1 安装间的面积

安装间与主厂房同宽以便桥吊通行,所以安装间的面积就决定了它的长度。安装间的面积可按一台机组扩大性检修的需要确定,一般考虑放置四大部件,即发电机转子、发电机上机架、水轮机转轮、水轮机顶盖。四大部件要布置在主钩的工作范围内,其中发电机转子应全部置于主钩起吊范围内。发电机转子和水轮机转轮周围要留有1~2 m的工作场地。在缺乏资料时,安装间的长度可取1.25~1.5倍机组段长;多机组电站,安装间面积可根据需要增大或加设副安装间。

### 9.2.2 安装间的布置

安装间的平面布置见图1-19。安装间的大门尺寸要满足运输车辆进厂要求,如通行标准轨距的火车,其宽度不小于4.2 m,高度不小于5.4 m。通行载重汽车的大门宽度不小于3.3 m,高度不小于4.5 m。

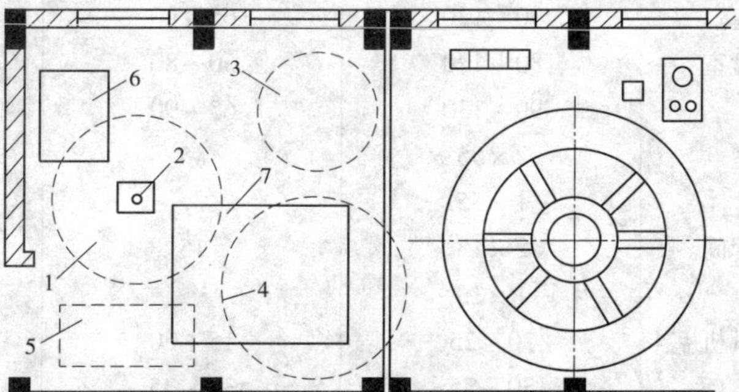


1—发电机转子;2—发电机主轴孔;3—水轮机转轮;
4—上机架;5—卡车;6—吊物孔;7—主变压器坑

**图1-19 安装间的平面布置**

发电机转子放在安装间上时,轴要穿过地板,地板上在相应位置要设大轴孔,面积要大于大轴法兰盘。为了组装转子时使轴直立,在轴下要设大轴承台,并预埋底脚螺栓。

主变压器有时也要推入安装间进行大修,这时要考虑主变压器运入的方式及停放的地点。因为主变压器质量很大,尺寸也很大,安装间的楼板常常要专门加固,地板应设专门轨道,大门也可能要放大。

主变压器大修时常需吊芯检修,在安装间上设尺寸相当的变压器坑,先将整个变压器吊入坑内,再吊铁芯,以免增加厂房高度。目前,大型变压器常做成钟罩式,检修时吊芯改为吊罩,起重量和起吊高度大为减小,安装间不再设变压器坑。

## 10 副厂房布置

为了保证机组正常运行,在主厂房近旁布置的各种辅助机电设备、控制、试验、管理和运行人员工作和生活的房间,称为副厂房。

副厂房的位置和组成,主要根据机电设计基本要求,结合水电站枢纽布置及环境具体情况综合考虑。副厂房一般紧邻主厂房周围布置,为节省投资尽量利用已有空间。厂坝间、尾水管上及主厂房两端都是可供选择的地方。我国已建水电站副厂房主要设于厂坝间的有葠窝、陈村、新丰江、丹江口、石泉等水电站;副厂房主要设在尾水管上的有下苇甸、岗南、天桥、八盘峡、西洱河四级、拉浪、柘林、葛洲坝等水电站;副厂房主要设在厂房一端的有双牌、柘溪、青铜峡、官厅、麻石、映秀湾、三门峡等水电站;大多数电站副厂房都是分设在几个位置上,如刘家峡等水电站,应因地制宜地利用一切空间。

### 10.1 副厂房的组成

副厂房的组成、面积和内部布置取决于电站装机容量、机组台数、电站在电力系统中的作用等因素。大型水电站的副厂房,按性质可分为三类:直接生产副厂房、检修试验副厂房、间接生产副厂房,见表1-3。

**表1-3 副厂房房间及参考面积** (单位:$m^2$)

| 类别 | 副厂房名称 | 装机容量 | | |
|---|---|---|---|---|
| | | 20万~130万kW | 10万~20万kW | 2.5万~10万kW |
| 直接生产副厂房 | 中央控制室 | 90~130 | 65~90 | 35~65 |
| | 继电保护盘室 | 80~120 | 50~80 | 30~60 |
| | 电缆室 | 90~130 | 65~90 | 35~65 |
| | 蓄电池室 | 2×55<br>1×55 | 45 | 45 |
| | 储酸室和套间 | 2×15<br>1×20 | 15 | 12 |
| | 蓄电池的通风机室 | 20~25 | 15~20 | 10~15 |
| | 充电机室 | 30~35 | 30~35 | 15~20 |
| | 计算机室 | 20~25 | 15~20 | 10~15 |
| | 巡回检测装置室 | 25~30 | 25~30 | 25~30 |
| 检修试验副厂房 | 继电保护实验室 | 40~45 | 40~45 | 40~45 |
| | 精密仪器实验室 | 30~35 | 30~35 | 25~30 |
| | 测量表计实验室 | 35~40 | 30~35 | 25~30 |
| | 高压实验室 | 40~45 | 35~40 | 25~35 |
| | 电工修理间 | 25~35 | 25~35 | 25~35 |
| | 机械修理间 | 60~100 | 40~60 | 40~60 |
| | 电气工具间 | 20 | 15 | 15 |
| | 油化验室 | 10~20 | 10~20 | 10~20 |

续表 1-3

| 类别 | 副厂房名称 | 装机容量 | | |
|---|---|---|---|---|
| | | 20万~130万kW | 10万~20万kW | 2.5万~10万kW |
| 间接生产副厂房 | 交接班室 | 20~25 | 20~25 | 15~20 |
| | 运行分场 | 30~40 | 20~30 | 20~30 |
| | 检修分场 | 30~40 | 20~30 | 20~30 |
| | 水工分场 | 25~35 | 25~35 | 25~35 |
| | 总工程师室 | 20~25 | 20~25 | 20~25 |
| | 厂长室 | 25 | 20 | 15 |
| | 生产技术科 | 25~30 | 25~30 | 20~25 |
| | 会议室 | 35~50 | 35~50 | 20~35 |
| | 资料室 | 25~35 | 25~35 | 25~35 |
| | 厕所、盥洗室 | 10~15 | 10~15 | 10~15 |

## 10.2 副厂房的位置

副厂房的位置应紧靠主厂房，基本上布置在主厂房的上游侧、下游侧和端部，可集中一处，也可分两处布置。

### 10.2.1 副厂房设在主厂房的上游侧

这种布置方式的优点是布置紧凑，电缆短，监视机组方便，主厂房下游侧采光通风条件良好。缺点是电气设备线路与进水系统设备互相交叉干扰，引水道可能要增长。它适用于引水式、坝后式水电站，坝后式厂房主要是利用厂坝之间的空间。

### 10.2.2 副厂房设在主厂房的下游侧

这种布置方式的优点是电气设备的线路集中在下游侧，与水轮机进水系统设备互不交叉干扰，监视机组方便。缺点是主厂房的通风和采光受到影响，由于发电机引出母线和变压器布置在主厂房的下游侧，尾水管的振动影响较严重，容易引起电气设备的误操作，导致运行人员的工作环境不良。另外，副厂房布置在下游侧需延长尾水管的长度，相应增加厂房下部结构尺寸和工程量，电气出线也较复杂。它适用于河床式水电站，如葛洲坝、富春江水电站。

### 10.2.3 副厂房设在主厂房靠对外交通的一端

这种布置方式的优点是主副厂房的总宽度较小，采光通风良好，给运行人员创造了良好的工作条件，能适应电站分期建设、初期发电的特点，运行与机电设备安装干扰小，可以减轻机组噪声对中央控制室的影响。缺点是母线与电缆线路较长，投资加大，当机组台数较多时，监视、维护距离较长。它适用于引水式电站。

## 10.3 副厂房平面布置设计的原则和要求

### 10.3.1 中央控制室（简称中控室）

中控室是整个水电站发电、配电、变电等设备以及水位和流量等集中控制和集中监视的地方,是电站的神经中枢。中控室一般布置控制盘、直流盘、继电保护盘和信号盘、厂用盘、自动调频盘等。

中控室的位置要便于电站的控制、监视并迅速消除故障,电缆长度尽量短,一般布置在发电机层的中部。中控室不宜布置在主变压器场的下层或尾水平台上,因为出现的噪声和振动将会影响继电保护设备的整定值,并使值班人员过度疲劳和注意力分散。

中控室要求宽敞明亮、干燥舒适、安静,具有良好的工作环境。最好用玻璃作隔音墙隔开,既便于观察,又达到隔声效果。室内要求通风良好,光线均匀柔和,避免阳光直射至仪表盘面并设有防晒的隔热遮阳措施,无噪声干扰,室内温度、湿度适当,以保证仪表的灵敏度和准确性。

中控室面积根据电站规模、性质和对电站的要求而定,一般为 60 ~ 100 $m^2$。室内净高一般为 4 ~ 5 m。

#### 10.3.2　集缆室

集缆室又称电缆夹层,布置在中控室和继电保护盘室的下层,面积等于或稍小于中央控制室。室内只有电缆和电缆吊架,布置简单,室内净高一般为 2 ~ 3 m,以工作人员能站立工作为宜。该层汇集来自主厂房和变电站的各种操作电缆,然后通往中控室的控制盘、操作盘。集缆室安全出口不少于两个,并应做好防潮设计。

#### 10.3.3　继电保护盘室

继电保护盘室布置在中控室附近,当开关站距主厂房较远,尤其是在高程相差很大的情况下,可将输电线路保护盘室布置在开关站。

#### 10.3.4　发电机电压配电装置室

发电机电压配电装置室(低压开关室)主要布置发电机电压母线和发电机电压断路器等设备,通常这些设备成套地集成于一个金属柜中,称为开关柜。这些开关柜布置在高度为 4 ~ 5 m、宽度为 6 ~ 8 m 的房间中。低压开关室布置在主变压器与发电机之间,与发电机层同高程的副厂房内。

开关室一般不设窗户,要满足通风、防潮、防火、防爆的要求。开关室长度超过 7 m 时,须在两端设出口,超过 60 m 或通向防爆间通道长度大于 40 m 时,宜设三个出口,门朝外开,两个出口相距不宜超过 30 m。开关室不应布置在浴室或厕所下面;耐火等级不应低于 2 级;采用自然通风,当不能满足温度要求或发生事故排烟困难时,可考虑增设机械通风装置。

#### 10.3.5　通信室及远动装置室

当输电电压在 110 kV 以上时,为了电站与系统调度中心联系,由系统调度中心指挥电站运行,专设载波电话通信室、自动电话交换机室、微波或其他无线电通信室和远动装置室等。这些房间要毗邻于中控室且处于同一高程,室内最小高度为 3.2 ~ 3.5 m,要求防尘、防震,避免过大的噪声,不应与蓄电池室或强电设备邻近。微波或其他无线电通信室,应在其屋顶或附近设无线或微波发射塔。

#### 10.3.6　直流设备室

直流设备室包括蓄电池室、储酸室、充电机室、通风机室及套间等。这些房间作为整套布置在一起,一般布置在副厂房的一端,并靠近用电设备,以缩短直流配电盘的电缆长

度。不允许布置在中控室、配电装置室(开关室)和通信室的上方,以免酸性残液渗到下面房间。其要求为:

(1)蓄电池室向厂房内电气设备提供直流电源,并作为备用电源。采用人工照明,不设窗户,避免硫酸产生的氢气在阳光直晒下引起爆炸。门窗、墙壁、顶棚、蓄电池台架和调配池均应用耐酸材料铺设,地面和墙裙用白色瓷砖(缝中填耐酸砂浆)或耐酸性沥青地面,并有适当的排水坡度。

(2)储酸室储存电池所用的酸类,应尽量靠近蓄电池室。为了防止酸气外溢,储酸室一般用套间与其他房间分开,墙壁要较厚,地板、墙壁、顶棚要考虑耐酸问题。

(3)通风机室和套间的作用是排除有害酸气,防止有害气体扩散,应采用单独的通风系统。

(4)充电机室是向蓄电池充电的,最好布置在与蓄电池室毗邻的房间内。

#### 10.3.7 厂用电设备室

厂用变压器可布置在厂外主变压器旁;如厂内有空间,也可布置在厂内,尽可能靠近开关室,以缩短连接母线的长度。每台厂用变压器应布置在防火、防爆的单独小间,并与水轮机层同高,且设专用走廊。厂用变压器一般就地检修,门朝外开,地面有2%坡度倾向集油槽(干式变压器可不设坡)。

厂用高压成套开关柜,通常布置在水轮机层母线室附近,不宜布置在发电机层或距中控室太近。厂用低压配电装置,又称动力盘,一般应集中布置在单独房间。

#### 10.3.8 母线廊道、母线室或母线竖井

发电机与主变压器之间的母线,一般要经过母线廊道、母线室或母线竖井引到主变压器。其布置要满足安装、维修的要求。发电机母线廊道宜布置在发电机出线方向的一侧,并靠近主变压器、厂用变压器的位置,其面积和层高取决于母线的数量和带电安全距离的要求。母线竖井应设有巡视、检修用的电梯和楼梯,每隔4~5 m设维修平台,平台和楼梯宽度均不应小于0.8 m。

#### 10.3.9 各种实验室和车间

电气实验室的试验对象是二次回路的设备和500 V以下的电气设备,最好布置在中控室附近。电气实验室要求通风、防尘和防潮,不宜布置在尾水管上部。

高压实验室的试验对象是3 kV以上的电气设备,这些设备一般比较笨重,搬运不便,因此高压实验室应布置在与发电机同高程的安装间附近或副厂房内。

电工修理间和电气工具间,应布置在靠近发电机层交通方便处。机修车间可单独布置在厂外,尽量靠近厂房。

#### 10.3.10 办公室及生活用房

值班室和调度室一般与中控室邻近,并与主厂房联系快捷、方便。行政办公及生活用房可设在厂外单独房间内,要求布置在较安静的地方。

副厂房可采用两层或两层以上的砖混结构,其尺寸可根据副厂房各层的平面布置要求,协调上下层关系,定出副厂房的长度和宽度。根据工程经验,副厂房的宽度一般为6~9 m。

副厂房的面积和内部各房间布置应根据机电设备布置、维修、试验及管理需要,结合

厂房具体条件综合考虑确定。

## 10.4 尾水渠布置

尾水渠的布置应根据地形地质、河道流向、泄洪影响、泥沙淤积等情况,并通过水工模型试验研究确定。

(1)坝后式、河床式地面厂房的尾水渠宜与河道平行或接近平行,岸边式地面厂房的尾水渠一般采取与河道斜交,使水流顺畅。

(2)尾水渠首段与其后渠段断面不同时,应由渐变段连接。

(3)尾水管出口水流紊乱,旋涡多,流速分布极不均匀,易发生淘刷,应根据地质情况适当加强保护。其余渠段亦应根据流态、流速及地质情况选择稳定边坡及必要的防淘刷设施。当尾水管出口的水流可能受到泄洪水流的影响时,应设置向下游延伸足够长度的导水墙。

(4)具有泄水孔的河床式地面厂房、尾水渠应结合泄水孔泄水方式和消能要求设计。应考虑泄水孔泄流对水轮机产生的影响(吸出高度、发电水头、逆向落差、射流效果等)。

(5)尾水渠应考虑下游梯级回水及枢纽各泄水建筑物挑流泄水引起的河床变化。尾水渠宽度一般应与机组段出水边宽度一致,当需改变宽度时,应渐变连接。当尾水管出口底板与其后渠底高程不同时,可以1:5～1:4的底坡(重要电站宜通过水工模型试验验证)相接。

## 10.5 厂区防洪

厂区防洪应保证主副厂房、主变压器场地及开关站在该等级的各种设计条件下不受水淹。

(1)当厂房下游洪水位较高时,可采用尾水挡墙、防洪墙、防洪门、全封闭厂房,或抬高进厂公路及安装间高程,或采取以上几种综合措施加以解决。例如采用全封闭厂房,进厂公路以隧洞连接的有乌江渡水电站;进厂公路以斜坡与安装间相连的有柘溪水电站和凤滩水电站;采用防洪门的有石泉水电站;采用抬高安装间(安装间高出主机间)的有西津、八盘峡、官厅等水电站。还有的电站采用安装间端侧加设地面高程高出安装间的进厂间,以求安装间与主机间能在同一高程,使运行、检修方便,场地利用面积更为有效,如葛洲坝二江厂房就设有进厂间,其与安装间高差达4.59 m。对于尾水变幅太大的水电站,若采取水平进厂方式有困难,可采取垂直进厂方式,例如石门、窄巷口、大化等水电站,其设备靠提升机械从厂顶吊运。

(2)厂房被淹多半因对洪水量估计过小,山坡护岸未设计好,当山洪来时泥石流俱下,堵塞抽水泵的进口,或因水泵房高程太低,一旦山洪来时水泵来不及抽排,致使泵房被淹后导致厂房被淹。因此,处在洪水威胁较大的水电站则需设置深井泵,是厂房不被淹的有利保证。凤滩水电站厂房在安装间挡水闸门之内设有抽水泵房,以防厂房被洪水淹没。

(3)厂区排水尚应考虑厂区与泄洪建筑物的相对位置,不应将厂房布置在射流水雾区。例如黄龙滩水电站厂房,曾于1980年6月24日堵河发生约50年一遇的洪水,坝址最大洪水流量为11 500 $m^3/s$,当时暴雨泄洪与不利风向组合,倾盆大雨洒进厂区,又使泥石流俱下,进入排水泵房造成水泵失效,厂房被淹。

(4)施工及运行初期,对可能导致水淹厂房的孔洞、管沟、临时通道、预留缺口等,均应设必要的密封盖板。

(5)对厂区边坡,应根据不同地质条件采取不同的保护措施。各层边坡应设有排水沟,把山坡汇集的雨水排泄到厂区以外,防止因暴雨引起边坡失稳或泥石流,汇入厂区危及厂房安全。

## 10.6 厂房的采光、通风、交通及防火

水电站厂房必须妥善考虑采光、通风、取暖、防潮、防火保安、交通运输等问题,以确保水电站的正常运行,并给运行人员提供良好的工作环境。

### 10.6.1 采光

地面厂房应尽可能采用自然采光,布置主、副厂房时要考虑开窗的要求。主厂房自然采光主要靠厂房两侧的大窗,吊车梁以上的窗子主要起通风的作用,大窗开在构架柱之间的墙上,为长形独立窗。窗宽度不要太小,使照明均匀。窗的高度一般不小于房间进深的1/4。窗下槛在发电机层楼板以上不宜超过1~2 m,以保证窗子附近有足够的光线,并便于通风。

夜间及地下式、坝内式、溢流式厂房或地面厂房水下部分的房间,要设计人工照明。人工照明分为工作照明、事故照明(当交流电源中断时自动投入的直流电照明)、安全照明(设有防触电措施或采用36 V及以下电压的照明)、检修照明及警卫照明。中央控制室及主机房内的照明不能使仪表盘面上产生反光,以保证运行人员能清晰地观察仪表。

### 10.6.2 通风

地面厂房应尽量采用自然通风。当自然通风达不到要求,或当下游水位过高而不能有效地采用自然通风时,或在产生过多热量的房间(如变压器室、配电装置室等),或在产生有害气体的房间(如蓄电池室、油处理室等),才装设人工通风。

主、副厂房的通风量应根据设备的发热量、散湿量和送排风参数等因素决定。要合理安排进出风口的位置以达到最佳的通风效果。水轮机层、水泵室、蝴蝶阀室等厂内潮湿部位采用以排湿为主的通风方式,对于产生有害气体的房间要设置专用的排风系统,以免有害气体渗入其他房间。人工通风系统的进风口要设在排风口上风,低于排风口但高于室外地面2 m以上,还要考虑防虫及防灰沙的措施。主通风机室的位置除满足通风系统气流组织的合理性外,还应远离中央控制室、载波机室等安静场所,以免噪声干扰。

盛夏酷热地区或人工通风仍不能满足厂内温度湿度要求时,可采用局部或全部的空气调节装置。空气调节装置的冷源应尽量采用天然低温水或其他天然冷源。无此条件时,经过技术经济论证可局部或全部采用机械制冷设备。

### 10.6.3 取暖

冬天厂房内的温度不能过低,以保证机电设备的正常运行。冬季水电站若正常发电,发电机层、出线层、水轮机层、母线道等处靠机电设备发出的热量即可维持必需的温度。热量不足以维持必需温度的房间,可用电辐射取暖或电热取暖。中央控制室可装设空气调节器,以便在冬季取暖、夏季降温。

### 10.6.4 防潮

地面厂房水下部分的房间要注意防潮,坝内及地下厂房的防潮问题更为突出。过分潮湿能造成电气设备的短路、误动作或失灵,可能使机械设备加速锈蚀,运行人员工作条

件恶化。防潮的措施包括以下四项：

(1)防渗防漏。外墙混凝土要满足抗渗要求，必要时可加设防潮夹层；要减小设备漏水，伸缩及沉陷缝要加设止水；冷却水管、混凝土墙及岩石表面如有结露滴水则要用绝热材料包扎。

(2)加强排水。已渗漏进厂房或防潮夹层的水要迅速排除，不能让其积存。

(3)加强通风。潮湿部位宜采用以排湿为主的通风方式，减小空气中的湿度。

(4)局部烘烤。以电炉或红外线烘烤，防止设备受潮。

#### 10.6.5 厂内交通

厂房对外开有大门，以便运输大部件。大门尺寸很大，可采用旁推门、上卷门或活动钢门。为了保持厂房内部的清洁、干燥与温度适宜，不运输大部件时大门应关闭。安排各种房门部位时要考虑防火的安全出口，安全出口的门净宽不小于0.8 m，门向外开。某些可产生负压的房间，如闸门室，门最好向里开，以便出现负压时门可自动开启。

主厂房内各层及副厂房布置机电设备的房间内都要有通道，以便运输设备和进行安装，并供工作人员通行。发电机层及水轮机层常设贯穿全长的水平通道，通道一般宽1～2 m。为了吊运各种设备，与通道相应要布置吊物孔，如蝴蝶阀吊孔、水泵吊孔、公用吊孔等。

主、副厂房不同高程各层之间可设斜坡道、楼梯、攀梯、转梯或电梯。斜坡道坡度在20°以下，一般以12°为宜，楼梯的坡度为20°～46°，以34°为宜，单人楼梯宽0.9 m，双人楼梯宽1.2～1.4 m。每台机组最好有专用楼梯，至少每两台机组要设一座楼梯。楼梯设置要能使运行人员巡视方便，并要保证发生事故时能迅速到达现场。只供少数人员偶然使用的楼梯可做成钢攀梯，坡度常为60°～90°，宽0.7 m。转梯可节省空间，适用于不经常上下的地方。电梯用于厂房高度较大或各层间高差太大时。

# 项目2 水电站厂房结构分析与计算

## 任务1 厂房设计

【任务目标】 熟悉水电站厂房设计基本资料、设计阶段、设计流程,厂房基本构造的荷载传递、设计标准。

【任务主题】 厂房设计基础知识认知。

【任务要求】 掌握厂房设计基本资料、厂房构造基本组成内容、厂房荷载组成及荷载传递,以及设计程序。

【执行计划】 教师讲解、引入实际案例供学生讨论、分析。

【学习评价】 教师针对学生提交的任务成果进行现场评价,从学生课堂的学习准备、主动质疑、主动释疑、学习态度进行学习评价;从学生工作任务的咨询能力、计划能力、实施能力进行任务过程评价;从学生成果展示的语言表达、工作思路、专业术语、汇报内容、亮点展示进行任务成果评价;从学生解决问题的依据、途径、方法、逻辑进行技术答辩评价,进而对任务成果质量进行综合评价。

### 1 水电站设计基本资料

水电站厂房布置设计涉及各种机电设备的布置与其相应的建筑结构布置,在设计之前,应收集有关的原始资料。

#### 1.1 河流开发方案及建筑物等级

一条河流要开发,应先进行规划设计,确定修建梯级电站的先后顺序。因此,设计之初,应以规划报告的批文作为依据。

应根据工程规模、建坝高低、电站装机容量等,确定电站建筑物等级和相应的设计标准。此外,还应了解对厂房的特殊要求。

#### 1.2 地形资料

(1)库区及取水枢纽1/2 000~1/1 000的地形图,坝址轴线处1/200的地形图。

(2)厂区枢纽处1/500的地形图。

(3)厂房所在处1/200的地形图。

(4)若为引水式电站,还应有1/2 000~1/1 000的引水线路带状地形图。

#### 1.3 工程地质和水文地质资料

厂区地质分析报告及图纸,对厂区所属范围的地质情况、岩层走向、倾角、断层走向、条数应有所了解。厂区内有无滑坡体、厂区厂房后坡有无危岩孤石、枢纽及厂区的地震级别有多大,也应有所了解。

此外,对厂区的地基覆盖层厚度、下覆基岩深度、土壤及岩石物理力学指标等,均应了解清楚。

对厂区内地下水活动情况应分析清楚,如地下水有无腐蚀性、岩层有无承压水、渗透性等。

### 1.4 水文及水能资料

(1)站址的多年径流资料,用以进行洪水、枯水、径流等水文计算作依据。

(2)水库的调洪方式,包括水库及大坝的各种水文及下泄流量,坝址及厂址处的水位—流量关系曲线,尾水相应的校核、设计及最小的各特征水位值。

(3)厂区所在河流的泥沙资料、河流冰凌资料以及山洪泥石流等资料。

(4)电站的装机容量,机组台数,电站的最大、最小和加权平均水头。

(5)电站的运行方式、输电方向、电压等级、输电距离等。

### 1.5 施工组织资料

了解施工单位的施工技术水平,包括施工方法及设备、施工材料的运输条件、施工工期、施工单价等资料。

### 1.6 机组与辅助设备资料

(1)主机组的总装图(立面图和平面图)及台数。

(2)发电机的尺寸和重量、冷却方式及通风道尺寸。

(3)水轮机型号、直径和重量,蜗壳和尾水管的型式和尺寸。

(4)变压器的台数、重量和尺寸。

(5)机旁盘、各种配电板、发电机引出线接地等装置图,油开关等的地脚螺栓基础图,调速器、高低压空气压缩机、水泵等尺寸及基础图,吊车的规格及技术资料。

综上所述,要设计厂房,须在地形、地质、水文、气象、施工、机组等基本资料收集齐后,方可进行。

## 2 水电站厂房设计程序

水电站厂房设计,根据电站规模和工程难易程度可分为两个阶段或三个阶段设计。一般大中型电站按两个阶段设计,即初步设计和施工详图设计(或技施设计,即技术设计和施工详图合并进行)。某些大型电站或比较复杂的厂房,则可按三个阶段设计,即初步设计、技术设计、施工详图。

### 2.1 初步设计

初步设计阶段的主要任务是通过技术经济论证,确定厂区总体布置、厂房内部布置等方案,具体包括:

(1)阐述各比较方案的厂房及开关站布置的地形、地质、型式、布置、工程量、施工及运行条件、劳动力及造价等情况,各比较方案的优缺点和选定方案的论证。

(2)主副厂房的内部布置、结构型式、面积、高程和主要尺寸的选定,厂房结构的稳定计算及工程地质处理措施等。

(3)尾水建筑物的结构型式、控制高程、断面尺寸、长度、尾水闸门及操作平台布置的选定。尾水建筑物的水力计算以及提出尾水渠和下游河床防护整治措施方案的意见。

(4)开关站和主变压器的位置、场地布置、面积、高程的选定。

### 2.2 技术设计

技术设计阶段是在批准初步设计基础上进行各建筑物的详细设计。它包括建筑物的细部布置、结构布置,确定主要结构的计算原则及编写出设计大纲,进行结构及构件的设计和计算,为施工组织设计和编制工程预算提供更详细的工程量,编制该阶段的设计文件,包括技术设计书、专题报告等。

### 2.3 施工详图

施工详图阶段是在技术设计的基础上进行的。它包括各建筑物的基础开挖图、边坡及基础处理图、混凝土浇筑分层分块图、各浇筑层预埋件图、各结构及构件钢筋图、水下结构的止水排水设计图、各建筑物的观测设备埋设图及其他构造详图。

初步设计是关键,技术经济上是否合理主要取决于初步设计阶段,因此必须做到充分论证、精心设计。

## 3 水电站厂房基本构造

### 3.1 空间划分

#### 3.1.1 主厂房

主厂房:布置水电站的主要动力设备(水轮发电机组)和各种辅助设备,设置装配场(安装间)。

主厂房的主机室布置根据机组主轴为竖直和水平两种不同的装置方式,可分为立式机组主机室和卧式机组主机室两大类。

##### 3.1.1.1 立式机组主机室

机组主轴为竖直装置。以装设水轮发电机的上机架所在楼板面为界,以上为上部结构,以下为下部结构。上部结构因厂房采用户内式、露天式、半露天式、地下式、半地下式等类型(见图2-1)而采用不同的结构型式。立式机组主机室共分为如下四层:

(1)发电机层:装设机组和调速器操作柜、油压装置、机旁盘、励磁盘等设备的场所。为了装卸机组及其他的辅助设备,其上部设置移动式起重设备(吊车)。

(2)水轮机层:发电机层楼板以下与蜗壳顶部混凝土以上的空间。在机组部位有支承水轮发电机定子支座的发电机机墩(机座)。内腔称为定子坑或水轮机井。机墩上需要装设作用筒(接力器),预埋各种油、气、水系统管道和布置电缆、电线等。机墩的型式随机组容量不同而分为:块式机墩(矮机墩),刚度和抗震性能都很好,但混凝土用量大;圆筒式机墩,受力均匀,抗震、抗扭性能好,用钢量省;环梁立柱式机墩和刚架式(框架式)机墩,材料用量较省,便于安装检修,但抗震、抗扭性能较差,噪声较大,适用于中小容量的机组。水轮机层上下游侧常分别布置水力机械设备(油、气、供水、排水系统设备和管道等)和电气设备(母线、电缆、互感器及厂用电配电设备等),互不干扰,有时在这层还布置励磁盘和能抽出深处积水的深井水泵。当发电机层楼面与水轮机层地面高差超过6~8 m时,可考虑在其间加设出线层,布置水轮发电机引出线、中性点接地装置、母线和互感器等设备。

(3)蜗壳层:反击式水轮机引水设备的形状像蜗牛外壳称为蜗壳,蜗壳及其周围的混

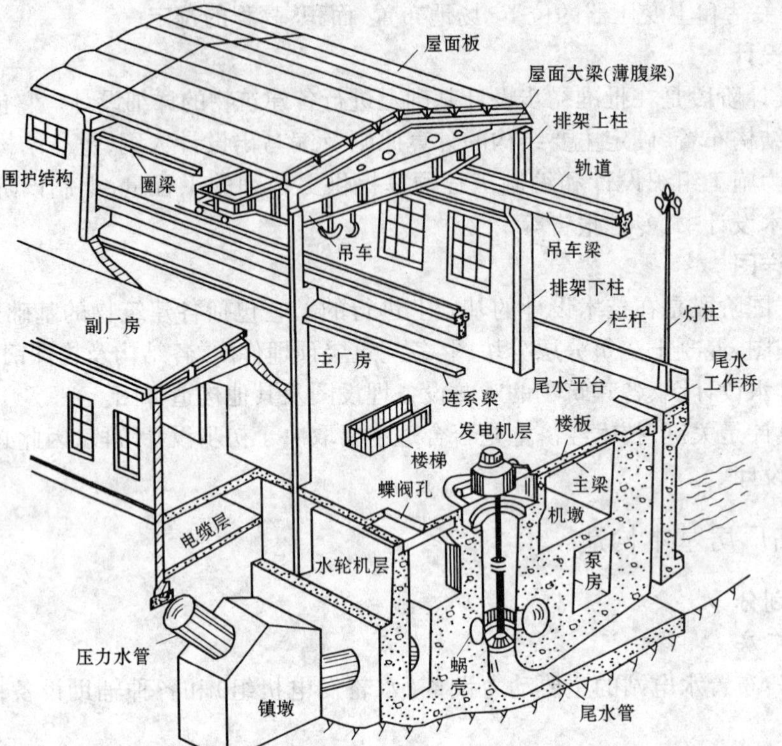


图 2-1　水电站厂房基本构造

凝土结构的块体和空间部分称为蜗壳层。当水头小于 40 m 时,多采用梯形断面的钢筋混凝土蜗壳;当水头大于 40 m 时,宜采用圆形断面的铸铁、铸钢或钢板焊接的金属蜗壳。大型水电站厂房的金属蜗壳常外包混凝土。中小型水电站厂房的金属蜗壳常将下半部埋入混凝土内,以增加水轮机层的净高并减少工程量。蜗壳进人孔道通常设在蜗壳进口处的钢管的顶面或侧面。

(4)尾水管层:反击式水轮机的泄水设备(称为尾水管或吸出管)的顶部与基础板之间的空间。尾水管有直锥形和弯肘形两种。前者用钢板焊接而成,部分埋入混凝土中,仅适用于小型反击式和贯流式水轮机;后者用钢筋混凝土浇筑,适用于大中型立轴反击式水轮机。若采用冲击式水轮机的高水头水电站厂房,就无需设尾水管而仅有尾水室。

3.1.1.2　卧式机组主机室

机组的主轴是水平装置的,又称为横轴机组主机室,其分为发电机层和尾水室层。

(1)发电机层:指装设机组的楼板以上的空间。上部结构同立式机组主机室,布置水轮发电机、励磁机、金属蜗壳、水轮机、飞轮、尾水管弯段、调速器、配电盘、开关柜和梁式电动或手动吊车等机电设备。机组在发电机层布置方式有三种:横向布置,机组轴线与主厂房纵轴线垂直,适用于机组台数较多的情况;纵向布置,机组轴线与主厂房纵轴线平行,适用于地形狭长及机组台数在 3 台以下的情况;斜向布置,机组轴线与主厂房纵轴线成斜交布置,因这种布置发电机层显得不整齐,已很少采用。

(2)尾水室层:机组以下的空间,有机座、阀坑和尾水室。尾水室内装直锥管,发电后的尾水从直锥管泄出,经尾水渠流入下游河道或下一个梯级水电站的渠道。

3.1.2 副厂房

副厂房:布置控制设备、电气设备和辅助设备,是水电站运行、控制、监视、通信、试验、管理和工作的房间。

一般大中型水电站副厂房房间按性质可分为以下五类:

(1)直接与运行有关的房间。如中央控制室、电缆室(集缆室)、载波及微波通信室、蓄电池室、储酸室、充电机室、通风机室。有的自动化程度高的大型水电站厂房还设有巡回检测装置室和电子计算机室。

(2)辅助设备房间。如发电机电压配电装置室(低压开关室)、厂用变压器室及母线廊道、空气压缩机室、透平油油库和水泵室等。

(3)生产车间。如机修间、电修间、工具室、电气实验室、油化验室等。

(4)办公室和技术室。如运行分场、检修分场、各维修班组的办公室和技术室。非直接生产用的办公室可设在另建的办公楼内。

(5)卫生用房。如厕所、浴室等。副厂房设置哪些房间及各房间面积,可根据水电站规模、水电站在电力系统中的地位和作用以及水电站自动化程度等因素予以增减或简化合并。

3.1.3 水电站升压开关站

水电站升压开关站:接收和分配水轮发电机组发出的电能,经升压后向电网或负荷点供电的高压配电装置的场所。由变压器、开关设备、隔离开关、互感器、避雷器、母线装置和有关建筑结构等组成。电能经过主变压器升高至规定的电压后,通过开关站进行远距离输电。

3.1.3.1 主变压器场

主变压器场即装设主变压器的地方。水电站发出的电能经主变压器升压后,再经输电线路送给用户。装设主变压器的地方,有两类布置方式:

(1)屋外布置。根据水电站厂房的型式、电站容量大小和枢纽布置的特点而异,有的布置在厂房与坝之间,有的在尾水平台上,有的在主厂房的一端或顶部,也有的布置在靠近主厂房的山坡之上。

(2)屋内布置。对地下式和坝内式厂房,目前趋向于布置在平行于主厂房的地下洞室或坝内廊道内。如果开关站也布置在地下洞室内,变压器场应紧靠开关站并用隔墙分隔。

水电站主变压器场,一般应尽可能靠近主厂房,以缩短发电机电压母线,减少电能损失,并应注意防火、防爆、防雷、防水雾、防雪和满足通风冷却,以及便于设备运输和主变压器的安装检修等。

3.1.3.2 高压开关站

高压开关站即装设高压开关、高压母线和保护措施等设备的场所,高压输电线由此送往用户。

按电气设备的装置地点可分为屋外与屋内配电装置两大类。

(1)屋外配电装置。

根据电气设备和母线高度又可分为低型、中型、半高型和高型布置。

①低型布置:电气设备直接放在地面基础上,母线布置的高度也比较低,为了保证安全距离,设备周围设有围栏。低型布置由于占地面积大,在水电站很少采用。

②中型布置:所有电气设备装在一定高度的支架上,使带电部分对地保持必要高度,母线布置水平面高于电气设备的水平面。这种布置在我国水电站中具有较成熟的运行经验,已普遍采用。

③半高型和高型布置:电气设备和母线分别装在几个不同高度的水平面上,并且重叠布置。将母线与断路器、电流互感器等重叠布置称为半高型。将一组母线及母线隔离开关与另一组母线及母线隔离开关重叠布置称为高型布置。高型布置的缺点是钢材消耗大,操作和检修不方便。半高型布置的缺点也类似。但高型布置的最大优点是占地少,一般约为中型的一半,由于逐渐妥善地解决了操作和检修困难的技术问题及适应于水电站枢纽地形陡峻的条件,因此在水电站中已广泛采用。有时还根据地形条件采用不同地面高程的阶梯型布置,以进一步减少占地和节省开挖工程量。

(2)屋内配电装置。

结合水电站枢纽布置的特点,将110 kV和220 kV电气设备布置在屋内,各种间隔距离比屋外布置小,故占地面积也小。其土建费用比屋外布置高,且建设时间长,但它不受污秽及恶劣气候影响。有时为降低建筑费用将部分设备仍放在屋外。当水电站的开关站布置在地下或坝内时,称之为洞内布置,也属于屋内布置。

六氟化硫($SF_6$)全封闭组合电器配电装置,是以$SF_6$全封闭组合电器所组成的高压配合装置。$SF_6$全封闭组合电器是以$SF_6$气体作为绝缘和灭弧介质,以优质环氧树脂绝缘子作支撑的新型成套高压电器。由母线、隔离开关、接地开关、互感器、避雷器、电缆终端等各元件制成不同接线的标准独立结构,即可适应不同主接线的配电装置。它的优点是占地面积和所占空间都更小,运行安全可靠,检修间隔周期长,噪声水平低,更适用于深山峡谷的大型水电站和屋内配电装置。

此外厂房枢纽中还有进水道、尾水道和交通道路等。

水电站主厂房、副厂房、主变压器场和高压开关站及厂区交通等,组成水电站厂区枢纽建筑物,一般称厂区枢纽。

## 3.2 系统划分

水电站厂房内的机械及水工建筑物共分为五大系统:

(1)水流系统。水轮机及其进出水设备,包括压力管道、水轮机前的进水阀、蜗壳、水轮机、尾水管及尾水闸门等。

(2)电流系统。即电气一次回路系统,包括发电机及其引出线、母线、发电机电压配电设备、主变压器和高压开关站等。

(3)电气控制设备系统。即电气二次回路系统,包括机旁盘、励磁设备系统、中央控制室、各种控制及操作设备如各种互感器、表计、继电器、控制电缆、自动及远动装置、通信及调度设备等直流系统。

(4)机械控制设备系统。包括水轮机的调速设备,如接力器及操作柜,事故阀门的控制设备,其他各种闸门、减压阀、拦污栅等操作控制设备。

(5)辅助设备系统。包括为了安装、检修、维护、运行所必需的各种电气及机械辅助设备,如厂用电系统(厂用变压器、厂用配电装置、直流电系统),油系统、气系统、水系统,起重设备,各种电气和机械修理室、实验室、工具间、通风采暖设备等。

### 3.3 结构划分

#### 3.3.1 平面:主机室+安装间

主机室:水轮发电机组及辅助设备布置在主机室,是运行和管理的主要场所。

安装间:水电站机电设备卸货、拆箱、组装、检修时使用的场地。

#### 3.3.2 垂面:上部结构+下部结构(以发电机层楼板面为界)

上部结构:与工业厂房基本相似,基本上是板、梁、柱结构系统(见图2-1)。

下部结构:大体积混凝土结构,布置过流系统,是厂房的基础(见图2-1)。

## 4 厂房结构组成及作用

### 4.1 厂房结构组成

#### 4.1.1 屋盖结构

屋盖结构的作用是围护和承重。

屋盖结构主要包括屋面板和屋架或屋面大梁。

#### 4.1.2 吊车梁

吊车梁承受吊车荷载(包括起吊部件在厂房内部运行时的移动集中垂直荷载),以及吊车在起重部件时,启动或制动时产生的纵、横向水平荷载,并将它们传给排架柱或壁柱。

#### 4.1.3 排架柱或壁柱

排架柱或壁柱承受屋架或屋面大梁、吊车梁、外墙传来的荷载和排架柱或壁柱自重,并将它们传给厂房下部结构的大体积混凝土。

#### 4.1.4 发电机层和安装间楼板

发电机层楼板承受着自重、机电设备静荷载和人的活荷载,传给梁并部分传到厂房下部结构的发电机机座和水轮机层的排架柱上。安装间楼板承受自重、检修或安装时的机组荷载和活荷载,传到基础。

#### 4.1.5 围护结构

(1)外墙。承受风荷载,并将它传给排架柱或壁柱。

(2)抗风柱。承受厂房两端山墙传来的风荷载,并将它传给屋架或屋面大梁和基础或厂房下部结构的大体积混凝土块体。

(3)圈梁和连系梁。承受梁上砖墙传下的荷载和自重,并传给排架柱或壁柱。

#### 4.1.6 发电机机墩

发电机机墩承受从发电机层楼板传来的荷载和水轮发电机组等设备重量、水轮机轴向水压力和机墩自重,并将它们传给座环和蜗壳外围混凝土。

#### 4.1.7 蜗壳和水轮机座环(固定导叶)

蜗壳和水轮机座环(固定导叶)将机墩传下来的荷载通过座环传到尾水管上,另外水轮机层的设备重量和活荷载通过蜗壳顶板也传到尾水管。

4.1.8　尾水管

尾水管承受水轮机座环和蜗壳顶板传来的荷载，经尾水管框架（由尾水管顶板、闸墩、边墩和底板构成）结构再传到基础上。

## 4.2　厂房的受力和传力系统

### 4.2.1　厂房主要荷载

（1）厂房结构自重，压力水管、蜗壳及尾水管内水重。

（2）厂房内机电设备自重，机组运转时的动荷载。

（3）静水压力：尾水压力，基底扬压力，压力水管、蜗壳及尾水管内的水压力，永久缝内的水压力，河床式厂房的上游水压力。

（4）厂房四周的土压力。

（5）活荷载：吊车运输荷载、人群荷载及运输工具荷载。

（6）温度荷载。

（7）风荷载。

（8）雪荷载。

（9）严寒地区的冰压力。

（10）地震力。

### 4.2.2　厂房的传力系统

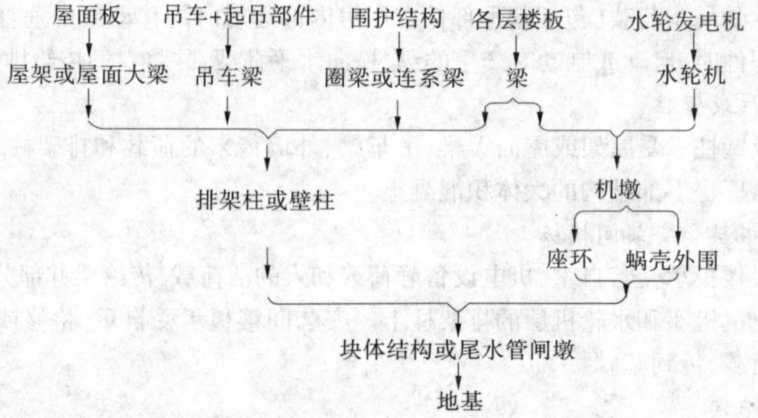


## 4.3　厂房混凝土浇筑的分期和分块

### 4.3.1　厂房混凝土浇筑的分期

分期目的：由于机组到货一般均迟于土建的施工期，为了适应水轮发电机组的安装要求，厂房中的混凝土需要分期浇筑，称为一期混凝土和二期混凝土。

一期混凝土：底板、尾水管、尾水闸墩、尾水平台、混凝土蜗壳外的混凝土、上下游边墙、厂房构架、吊车梁、部分楼板等，在施工时先期浇筑，以便利用吊车进行机组安装。

二期混凝土：为了机组安装和埋件需要而预留的，要等到机组和有关设备到货后、尾水管圆锥钢板内衬和金属蜗壳安装完毕后，再进行浇筑。二期混凝土包括金属蜗壳外的部分混凝土、尾水管直锥段外包混凝土、机座、发电机风罩外壁、部分楼层的楼板。

### 4.3.2 混凝土浇筑分层、分块

水电站厂房水下部分的混凝土属于大体积块体混凝土。其特点是现场浇筑量大，结构几何形状复杂，基础高差大，对裂缝要求严格。由于受混凝土浇筑能力的限制和为了适应厂房形状的变化，因此每期混凝土要分层分块浇筑。

## 5 水电站厂房设计等别

水利水电工程按其规模、效益及在国民经济中的重要性分等。水利水电工程中的永久建筑物一般根据工程等别及其在工程中的重要性分级；临时建筑物根据被保护建筑物的级别、本身的规模、使用年限及重要性分级。这种先分等再根据工程等别分级的做法已在我国沿用了几十年，证明在工程实践中是切实可行的。水利水电工程的等别关系到国计民生，应严格按照《水利水电工程等级划分及洪水标准》(SL 252—2000)确定，一旦确定后，不得轻易改变。水利水电工程中水工建筑物的级别，则可根据具体情况，经论证后做适当调整。

水利水电工程建筑物的级别反映了对建筑物的不同技术要求和安全要求。它根据所属工程的等别及其在工程中的作用和重要性确定。水利水电工程永久性水工建筑物指工程运行期间使用的建筑物。按其在工程中发挥的作用和失事后对整个工程安全的影响程度的不同，分为主要建筑物和次要建筑物。主要建筑物指失事后将造成下游灾害或严重影响工程效益的建筑物，如堤坝、泄洪建筑物、输水建筑物、电站厂房及泵站等；次要建筑物指失事后不致造成下游灾害或对工程效益影响不大并易于修复的建筑物，如失事后不影响主要建筑物和设备运行的挡土墙、导流墙及护岸等。

水利水电工程等别，根据水库规模、防洪对象的重要性、治涝规模、供水对象的重要性、水电站的装机容量等，分为Ⅰ、Ⅱ、Ⅲ、Ⅳ、Ⅴ五等，如表2-1所示。

表2-1 水利水电工程分等指标

| 工程等别 | 工程规模 | 水库总库容(亿 $m^3$) | 防洪 | | 治涝 | 灌溉 | 供水 | 发电 |
|---|---|---|---|---|---|---|---|---|
| | | | 保护城镇及工矿企业的重要性 | 保护农田(万亩) | 治涝面积(万亩) | 灌溉面积(万亩) | 供水对象重要性 | 装机容量(万 kW) |
| Ⅰ | 大(1)型 | ≥10 | 特别重要 | ≥500 | ≥200 | ≥150 | 特别重要 | ≥120 |
| Ⅱ | 大(2)型 | 10～1.0 | 重要 | 500～100 | 200～60 | 150～50 | 重要 | 120～30 |
| Ⅲ | 中型 | 1.0～0.10 | 中等 | 100～30 | 60～15 | 50～5 | 中等 | 30～5 |
| Ⅳ | 小(1)型 | 0.10～0.01 | 一般 | 30～5 | 15～3 | 5～0.5 | 一般 | 5～1 |
| Ⅴ | 小(2)型 | 0.01～0.001 | | <5 | <3 | <0.5 | | <1 |

注：1 亩 = 1/15 $hm^2$。

防洪分等主要考虑受工程失事影响的下游城镇及工矿企业的重要性和农田面积两项指标。水利水电工程的设计洪水标准不仅关系到工程安全，也涉及政治、经济和社会影响等综合性政策问题。由于水文因素的不确定性很多，同时也受目前认识能力的限制，水利

水电工程建成后总会存在一定的潜在风险。制定标准的原则,对失事后影响较大的工程,应使其承担的风险小一些,反之则可大一些。不顾经济代价,片面提高安全性是不合适的。

山区、丘陵区地形条件、洪水特性和工程特点等与平原、滨海地区不同,永久建筑物与临时建筑物的要求也是不同的。本标准对水工建筑物按照山区、丘陵区水利水电工程,平原、滨海区水利水电工程,其他水利工程和施工期临时性水工建筑物等分类,分别制定各类水工建筑物的洪水标准。

水电站厂房的洪水标准,应根据其级别,按表 2-2 的规定确定。河床式水电站厂房挡水部分的洪水标准,应与工程的主要挡水建筑物的洪水标准相一致。水电站厂房的副厂房、主变压器场、开关站、进厂交通等的洪水标准,可按表 2-2 确定。

**表 2-2 水电站厂房洪水标准**

| 水电站厂房级别 | 防洪标准(重现期(年)) | |
|---|---|---|
| | 设计 | 校核 |
| 1 | 200 | 1 000 |
| 2 | 200 ~ 100 | 500 |
| 3 | 100 ~ 50 | 200 |
| 4 | 50 ~ 30 | 100 |
| 5 | 30 ~ 20 | 50 |

# 任务 2 厂房结构分析及计算

**【任务目标】** 掌握水电站厂房吊车梁、排架、牛腿柱结构受力分析基本方法、荷载组合、内力计算、结构设计;熟悉圆通式机墩、尾水管结构受力分析假定,了解其结构设计基本方法。

**【任务主题】** 掌握厂房吊车梁、排架、牛腿设计。

**【任务要求】** 厂房吊车梁、排架、牛腿设计。

**【执行计划】** 教师讲解、引入实际计算案例供学生讨论、分析;使学生能自主设计吊车梁、排架、牛腿。

**【学习评价】** 教师针对学生提交的任务成果进行现场评价,从学生课堂的学习准备、主动质疑、主动释疑、学习态度进行学习评价;从学生工作任务的咨询能力、计划能力、实施能力进行任务过程评价;从学生成果展示的语言表达、工作思路、专业术语、汇报内容、亮点展示进行任务成果评价;从学生解决问题的依据、途径、方法、逻辑进行技术答辩评价,进而对任务成果质量进行综合评价。

## 1 吊车梁及排架柱结构计算

厂房上部结构的屋盖、发电机楼板、围护砖墙结构设计与一般工业厂房相同,这里不再赘述。吊车梁与构架则有其不同于一般工业厂房的使用特点,现将结构设计原理作简要介绍。

### 1.1 吊车梁

吊车梁是直接承受吊车荷载的承重结构,是厂房上部的重要结构之一。水电站厂房内大多采用电动桥式吊车,其特点是起吊容量大、工作间歇时间长、操作速度缓慢、使用率低(只在机组进行安装和检修时才用)。

水电站吊车性质属于轻级工作制,吊车梁可不验算重复荷载作用下的疲劳强度。

现在我国大中型水电站已大多采用预应力钢筋混凝土吊车梁,也有采用钢结构的。钢筋混凝土吊车梁在施工上可分为现浇、预制和叠合梁等型式。现浇吊车梁可分为单跨简支结构和多跨连续结构(在厂房伸缩缝处必须分开)。预制梁大多为单跨预应力混凝土结构。吊车梁截面型式有矩形、T形和工字形。

#### 1.1.1 吊车梁荷载

##### 1.1.1.1 固定荷载

固定荷载包括自重(按吊车梁实际尺寸计算)、钢轨及附件重(根据厂家资料取),初估时可取1.5 ~2.0 kN/m。

##### 1.1.1.2 移动荷载

(1)竖向最大轮压 $P_{max}$,如图2-2所示。

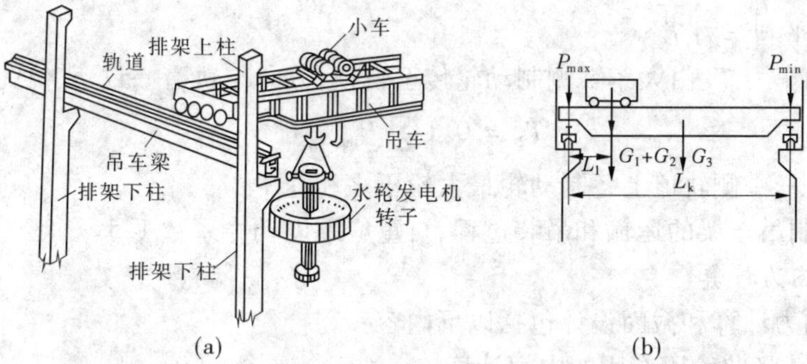


图2-2 竖向最大轮压计算简图

一台吊车工作时:$$P_{max} = \frac{1}{m}\left[(G_1 + G_2)\frac{L_k - L_1}{L_k} + \frac{1}{2}(G - G_1)\right] \quad (2\text{-}1)$$

两台吊车工作时:$$P_{max} = \frac{1}{2m}\left[(2G_1 + G_2 + G_3)\frac{L_k - L_1}{L_k} + \frac{1}{2}(G - G_1)\right] \quad (2\text{-}2)$$

式中 $m$——一台吊车作用在一侧吊车梁上的轮子数;

$G$——吊车总重,kN;

$G_1$——小车和吊具重,kN;

$G_2$——最大起吊物重,kN;

$G_3$——平衡梁重,kN;

$L_k$——吊车跨度,m;

$L_1$——起吊最重件时,主钩至吊车轨道的最小距离,m。

在计算吊车梁时，竖向最大轮压 $P_{max}$ 应乘以动力系数 $\mu$，轻级工作制软吊钩吊车动力系数为1.1。

(2)横向水平刹车制动力 $T_1$。

当小车沿厂房横向行驶突然刹车时，产生横向水平制动力，如图2-3所示，由大车一侧各轮平均传至轨顶，方向与轨道垂直，并考虑正反两个方向。各方向均考虑一侧吊车承受，不再乘以动力系数。

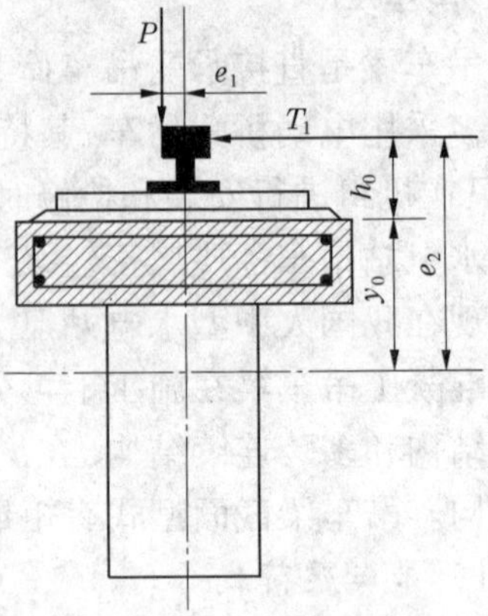

图2-3　吊车梁承受的横向制动力和扭矩

当一台吊车工作时：

对硬钩吊车　$$T_1 = \frac{G_1 + G_2}{10m} \tag{2-3}$$

对软钩吊车　$$T_1 = \frac{G_1 + G_2}{20m} \tag{2-4}$$

当两台吊车工作时：

对硬钩吊车　$$T_1 = \frac{2G_1 + G_2 + G_3}{20m} \tag{2-5}$$

对软钩吊车　$$T_1 = \frac{2G_1 + G_2 + G_3}{40m} \tag{2-6}$$

式中符号意义同前。

(3)纵向水平刹车力 $T_2$。

纵向水平刹车力 $T_2$ 由大车一侧制动轮传至轨顶，方向与轨道一致，其值为

$$T_2 = 0.1\sum P_{max} \tag{2-7}$$

式中　$\sum P_{max}$——一侧轨道上各制动轮最大轮压之和，kN。

此外，对预制吊车梁的运输和吊装过程，自重应乘以动力系数1.5。

### 1.1.2　吊车梁内力计算

吊车梁的内力计算和截面设计包括以下内容：

(1)承受移动竖向轮压作用的内力计算。

(2)承受移动横向水平制动力作用的内力计算。

(3)正、斜截面的强度计算。

(4)扭矩计算。吊车梁受到的扭矩由梁顶钢轨安装偏差 $e_1$（一般为2 cm）和横向水平制动力 $T_1$ 对截面弯曲中心的距离 $e_2$（等于 $h_0+y_0$）两项组成，其中 $h_0$ 为轨顶到吊车梁顶的垂距，一般取20 cm；$y_0$ 为截面弯曲中心到截面顶面的垂距，如图2-3所示。

(5)挠度计算。电动桥式吊车最大允许挠度：钢筋混凝土吊车梁为 $L_0/600$，钢结构为 $L_0/750$（$L_0$ 为吊车梁计算跨度）。

(6)裂缝宽度验算和局部拉应力计算。

对预制吊车梁需进行施工期的吊装验算。对预应力混凝土吊车梁还需进行局部应力验算。

吊车梁是直接承受吊车荷载的承重结构，除吊车梁自重、轨道及附件等均布恒载外，主要承受移动的竖向集中荷载和横向水平制动力，因此需用影响线求出各计算截面的最大(或最小)内力,画出内力包络图,并据此进行截面强度设计及抗裂或限裂、变形等验算。

## 1.2 排架柱

排架柱是厂房上部的主要承重结构,它承受屋面、吊车梁、楼板、风雪等荷载。在高尾水位的水电站还承受下游水压力。厂房排架柱一般采用钢筋混凝土结构,以牛腿面为界分为上柱和下柱。

与一般工业厂房相比,水电站排架所具有的特点如下:

(1)承受的荷载大且种类繁多。大中型水电站吊车容量常达数百吨,有的达数千吨。安装间荷载常为0.05~0.2 MPa,发电机层楼板荷载一般为0.02~0.07 MPa。

(2)排架柱高度较高,通常为20~30 m。主厂房一般为单层排架,安装间单层、多层均有。排架柱跨度一般为10~25 m,且大多是单跨排架。

(3)排架柱的构成多采用实复柱与屋面大梁现场浇筑的整接型式。有的水电站因特殊需要,屋面采用整片厚板,围护结构采用钢筋混凝土墙,由厚板、墙、柱整体浇筑构成排架。

(4)由于水电站厂房水下结构开有各种类型的孔洞及其他布置上的原因,排架柱往往形成上、下游柱脚不同高程的不等高结构。

(5)在施工过程中,机组的安装使排架柱处于独立承载的不利受力状态。

另外,由于水电站厂房布置各不相同,排架柱的型式、尺寸、受荷情况也不相同,设计较难标准化、定型化。

### 1.2.1 排架柱设计荷载

作用在排架柱上的荷载分恒载和活荷载两类,如图2-4所示。

#### 1.2.1.1 恒载

恒载一般包括屋面自重 $g_1$(包括防水层重、天棚重);小柱自重 $G_1$;大柱自重 $G_2$;吊车梁自重 $G_3$(包括轨道和附件重);楼板荷载;如地面高程高出柱底高程,在上游侧尚有填土压力或山岩压力等。

#### 1.2.1.2 活荷载

活荷载一般包括屋面活荷载 $P_1$(人群荷载或雪荷载),吊车竖向荷载 $D_{max}$、$D_{min}$,横向水平制动力 $T_{max}$,风荷载 $P_2$、$P_3$ 等,以及温度应力和干缩应力。如果下游水位高出柱底高程,还有尾水压力。如厂房建在地震区还有地震荷载。

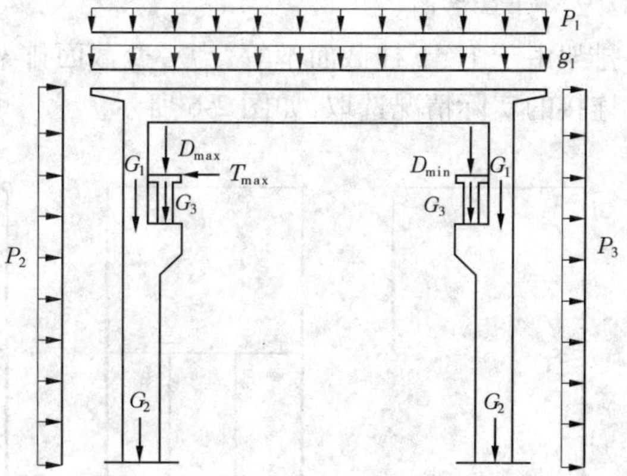


图2-4 排架荷载图

作用在排架柱上的最大竖向荷载 $D_{max}$ 为吊车梁作用最大轮压 $P_{max}$ 时的支座反力,$D_{min}$ 为另一侧相应的反力,$D_{max}$ 与 $D_{min}$ 同时产生,计算时不考虑动力系数。如吊车梁为连续结构,可视为简支梁来计算 $D_{max}$、$D_{min}$。

横向水平制动力 $T_{max}$ 的计算,按式(2-8)进行:

$$T_{max} = \frac{D_{max} T_1}{P_{max}} \tag{2-8}$$

荷载组合要选择可能发生的最不利情况进行组合。

### 1.2.2　排架计算简图

厂房排架结构为一空间构架,但一般均简化成按纵、横两方向的平面结构分别进行计算。

由于纵向平面排架柱较多,刚度较大,荷载较小,往往可不必计算。但在厂房围护结构为砖墙,开窗面积较大,且吊车梁又是简支的情况下,应进行纵向平面排架柱的计算。

横向平面排架柱由于荷载大,刚度相对较小,为排架计算的主要内容。

#### 1.2.2.1　计算单元

横向平面排架是由相邻柱距的中线画出一个典型区段作为一个计算单元,如图 2-5 所示。除吊车等移动荷载外,图中阴影线部分就是一个排架柱的受荷范围。

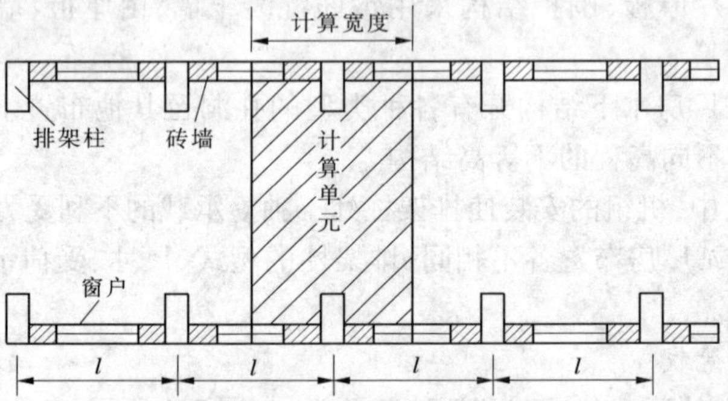


图 2-5　排架计算单元

#### 1.2.2.2　计算简图

排架由于上、下柱截面不等,为一变截面排架,其计算简图根据柱与屋面大梁、楼板和基础连接的实际情况选取,如图 2-6 所示。

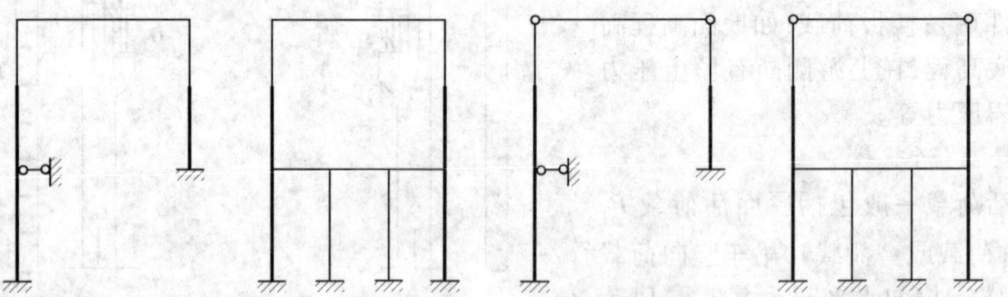


图 2-6　主机间和安装间典型排架计算简图

(1)当排架柱与屋面大梁整体浇筑时,柱与梁视为刚接;屋盖采用厚板结构时,也为刚接;当屋盖采用屋架结构时,柱与屋架视为铰接。

(2)排架柱与基础连接。排架上游柱脚一般假设固定在水轮机层块体混凝土顶部,并避开进厂钢管或蝴蝶阀坑等大孔洞。如上游墙较厚,墙柱的刚度比为 12 ~ 15,则上游柱可假设固定在底墙顶部。当厂房下游墙为与尾水闸墩整体浇筑的厚墙时,排架下游柱脚可假设固定在尾水闸墩顶部,否则按固定在水轮机层考虑。

(3)排架柱与楼板连接。主机间发电机层楼板一般为后浇的二期混凝土,且刚度较小,楼板可视为柱的铰支承。安装间楼板刚度较大,且大梁与柱均为一期混凝土整体浇筑,柱与梁可视为刚接。

(4)计算简图中,横梁的计算工作线取截面形心线(屋架则取其下弦线)。柱取上部小柱的形心线,整个柱为一阶形变截面构件。

#### 1.2.2.3 计算宽度

计算排架各杆的刚度时,柱截面计算宽度的取法为:当围护结构为砖墙时,取柱宽;当围护结构为与柱整浇的混凝土墙时,取窗间净距。横杆计算宽度的取法是:当横杆为独立梁(采用预制屋面板)时,取梁宽;当横杆为整浇肋形结构时,按T形截面梁计算刚度。

### 1.2.3 内力计算

排架计算中,忽略杆件自身轴向变形的影响,各杆均视为刚杆计算。

排架的内力计算按《结构力学》的一般方法进行。如果排架为对称的二阶形柱Π形,可利用现成的图表计算内力;如果排架柱为不对称或杆件为变截面,可利用专门图表查出各杆件的形常数和载常数,然后用迭代法或力法计算内力。

水电站厂房排架大部分或全部为水上结构,一般可按《混凝土结构设计规范》(GB 50010—2010)进行设计。当排架的施工条件难以符合上述规范时,则按《水工混凝土结构设计规范》(SL 191—2008)进行设计。

# 2 机墩与风罩

机墩是立式水轮发电机的支承结构,其底部与蜗壳顶板连成一体,承受着巨大的静、动荷载,必须具有足够的刚度、强度、稳定性和耐久性。本节主要介绍适用于大中型水电站厂房的圆筒式机墩的结构计算原理与方法。

## 2.1 机墩或风罩与发电机层楼板的连接型式

圆筒式发电机层楼板与机墩或风罩的连接方式一般有以下几种,如图2-7所示。

### 2.1.1 整体式

这种连接方式可增强机墩结构的抗扭、抗水平推力的刚度,改善了机墩的受力情况,是应用最多的一种型式,但这种型式会因混凝土的收缩及机墩的振动而使楼板发生裂缝,见图2-7(a)。

### 2.1.2 简支式

这种连接方式有利于采用预制构件,并在机墩处设置弹性防振垫层,以减轻楼板受机墩振动的影响,简支式的连接构造复杂,又不能加强机墩的刚度,因此应用不广,见图2-7(b)。

### 2.1.3 分离式

楼板与机墩自成独立的受力系统,互不影响,楼板上的荷载通过梁柱系统直接传给基础,楼板不受机墩振动的影响。当小型水电站没有单独的副厂房时,可将部分辅助设备布置在发电机层楼板上,由于楼板不支承在机墩上,楼板的浇筑及楼板上的设备的安装均可

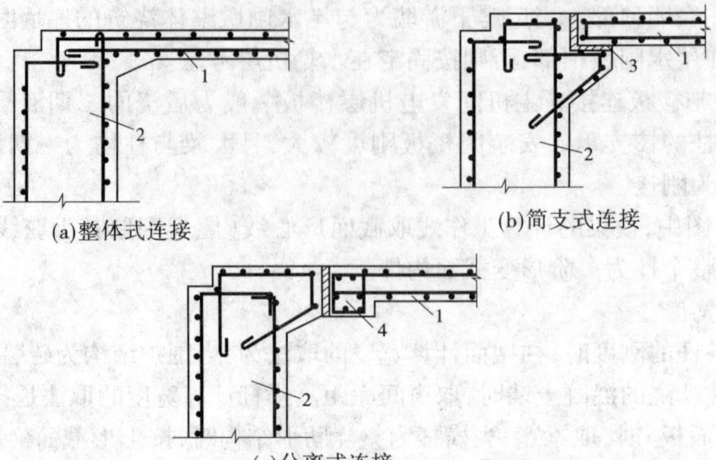

(a)整体式连接　　(b)简支式连接

(c)分离式连接

1—楼板;2—机墩或风罩;3—弹性垫层;4—次梁

**图 2-7　机墩与楼板的连接方式**

在机墩施工前进行,可加快电站的施工进度,见图 2-7(c)。

## 2.2　作用在机墩上的荷载及荷载组合

### 2.2.1　荷载

#### 2.2.1.1　垂直静荷载 $A_1$

垂直静荷载包括:机墩自重,发电机层楼板重及其荷载,发电机定子、励磁机定子及附属设备等重,上机架、下机架重,定子基础板重,下支架在顶起转子时的负荷。这些荷载通过定子基础板作用于机墩顶部。

#### 2.2.1.2　垂直动荷载 $A_2$

垂直动荷载包括:发电机转子连轴及励磁机等重、水轮机转轮连轴重、轴向水推力。这些荷载通过推力轴承传给机架再传至机墩。

发电机层楼板传来的荷载应由厂房上部结构计算得出。机组部分重量和轴向水推力资料应由制造厂家提供,在未取得厂家资料以前,机组重量可参考机组造型参数表数据,轴向水推力可由式(2-9)估算:

$$P_{水推} = K\frac{\pi D_1}{4}H_{max} \quad (kN) \tag{2-9}$$

式中　$D_1$——水轮机转轮直径,m;

$H_{max}$——最大水头,m;

$K$——系数。

#### 2.2.1.3　水平动荷载 $A_3$

由于发电机转子中心与转动中心不相重合,有一个偏心距 $e$,因而机组在运行中就产生了惯性离心力,从而引起机墩的振动离心力通过导轴承传给机墩。按下式计算:

正常运行　$$P_m = 0.001\,1eGn_0^2 \tag{2-10}$$

飞逸　$$P_{mp} = 0.001\,1eGn_p^2 \tag{2-11}$$

式中　$e$——机组转动部分的偏心距,m;

$G$——机组转动部分的重量,kN;

$n_0$——机组额定转速,r/min;

$n_p$——机组飞逸转速,r/min。

2.2.1.4 扭矩荷载 $A_4$

转子磁场对定子磁场的引力受到切向力的作用,通过机墩基础板的固定螺栓形成机墩扭矩。可按式(2-12)计算:

$$M_n = 0.975\frac{N\cos\varphi}{n_0} \tag{2-12}$$

式中 $M_n$——正常扭矩,kN·m;

$N$——机组的视在功率,kVA;

$\cos\varphi$——功率因数;

$n_0$——机组额定转速,r/min。

发电机短路时,由于巨大的短路电流而产生的突然扭矩,是一个冲击荷载,其值比正常扭矩大得多,可按式(2-13)计算:

$$M'_n = 0.975\frac{N}{nx_2} \tag{2-13}$$

式中 $M'_n$——短路扭矩,kN·m;

$x_2$——发电机的暂态电抗,其值为0.18~0.33,由厂家提供。

2.2.2 荷载组合

机墩荷载组合按表2-3采用。

表2-3 机墩荷载组合

| 荷载组合 | 计算情况 | 荷载名称 | | | | | |
|---|---|---|---|---|---|---|---|
| | | $A_1$ | $A_2$ | $A_3$ | | $A_4$ | |
| | | | | 正常 | 飞逸 | 正常 | 短路 |
| 基本组合 | 正常运行 | √ | √ | √ | | √ | |
| 特殊组合 | 1. 短路时 | √ | √ | √ | | | √ |
| | 2. 飞逸时 | √ | √ | | √ | | |

## 2.3 圆筒式机墩的结构计算

### 2.3.1 静力计算

圆筒式机墩按上端自由(不计发电机层楼板的刚度)、下端固结于蜗壳顶盖上(矮机墩除外)的等截面圆筒计算。作用在机墩上的荷载,可按均布荷载计算,即按实际作用位置分别换算为沿相当于圆筒中心圆周上的垂直均布静、动荷载,作用于机墩截面形心。根据力的平移法则,将全部垂直荷载简化为作用在圆筒截面中和轴上的轴力 $P$ 和它对中和轴的弯矩 $M$,如图2-8所示。

在静力计算时,除轴向水压力外,所有静、动荷载均乘以1.3~1.5的动力系数。

2.3.1.1 内力计算

当圆筒较矮厚,即圆筒高度 $l < \pi/\beta$ 时,可沿圆筒中心周长截取单位宽度,按上端自

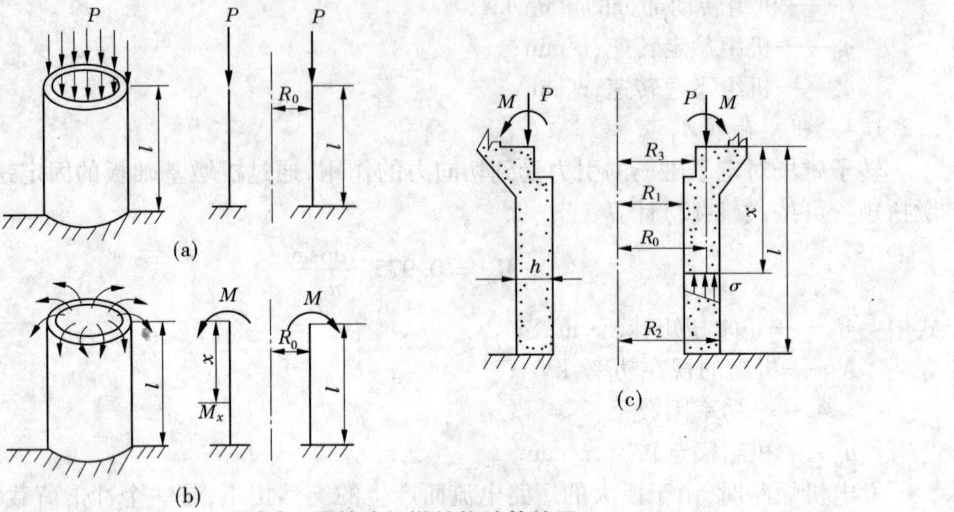


图 2-8　圆筒式机墩结构计算简图

由、下端固定的偏心受压柱计算，则单宽圆筒端截面最大轴力和最大弯矩为

$$P_{max} = P \tag{2-14}$$

$$M_{max} = M \tag{2-15}$$

当圆筒较高薄，即圆筒高度 $l > \pi/\beta$ 时，可按整体薄壁长圆筒计算，当筒顶单位周长作用弯矩 $M$ 时，距端顶 $x$ 处截面弯矩 $M_x$ 为

$$M_x = M\phi(\beta x) \tag{2-16}$$

其中函数　　$\phi(\beta x) = e^{-\beta x}(\cos\beta x + \sin\beta x)$

$$\beta = \sqrt[4]{\frac{3(1-\mu^2)}{R_0^2 h^2}}$$

式中　$M$——作用于圆筒顶部中心的单位周长弯矩，kN·m；

$R_0$——机墩的平均半径，m；

$h$——圆筒的壁厚，m；

$\mu$——泊松比。

作用于距筒顶 $x$ 处单位周长上的轴力为

$$P_x = P \tag{2-17}$$

2.3.1.2　各截面的垂直应力分布

求得截面的 $M_x$ 及 $P_x$ 后，可按偏心受压构件的计算公式求各截面的垂直应力分布：

$$\sigma = \frac{P_x}{F} \pm \frac{M_x C}{J} \tag{2-18}$$

式中　$P_x$——作用在距筒顶 $x$ 处单位周长上的轴力，kN；

$F$——圆筒单位周长上的受压面积，$F = 1 \times h$，$m^2$；

$C$——计算截面上的应力计算点到截面形心轴的距离，这里取 $h/2$，m；

$J$——圆筒单位周长上的断面惯性矩，$J = 1 \times h^3/12$，$m^4$。

2.3.1.3　扭矩及水平离心力作用下剪应力的计算

(1)扭矩作用下的剪应力。

正常扭矩
$$\tau_{x1}=\frac{M_{n}r\eta}{J_{p}} \tag{2-19}$$

短路扭矩
$$\tau_{x2}=\eta'\frac{M'_{n}r}{J_{p}} \tag{2-20}$$

其中
$$\eta'=\frac{2\left[1+\frac{T_{a}}{t_{1}}(1-e^{-\frac{t_1}{T_a}})\right]}{1+e^{\frac{-0.01}{T_a}}}$$
$$t_1=30/n_p$$

式中 $\eta$——动力系数；

$r$——计算点距圆筒中心的距离，m；

$J_p$——圆环截面极惯性矩，$J_p=\frac{\pi}{32}(D^4-d^4)$，$m^4$，其中，$d$、$D$ 分别为计算圆环的内、外直径，m；

$\eta'$——短路扭矩的冲击系数；

$T_a$——发电机的时间因数，s；

$n_p$——发电机的飞逸转速，r/min。

(2)水平离心力作用下的剪应力。

正常运行
$$\tau_{x3}=\frac{P_{m}\eta}{F} \tag{2-21}$$

飞逸
$$\tau_{x4}=\frac{P_{mp}\eta}{F} \tag{2-22}$$

式中 $F$——圆环截面面积，$m^2$；

其他符号意义同前。

2.3.1.4 机墩强度校核

按第三强度理论进行校核。机墩内外壁最大主拉应力按式(2-23)验算：

$$\sigma_{主}=\frac{1}{2}(\sigma_x-\sqrt{\sigma_x^2+4\tau^2})\leqslant R_1/K_h \tag{2-23}$$

式中 $R_1$——混凝土的抗拉强度，MPa；

$K_h$——混凝土抗拉强度安全系数，按《水工混凝土结构设计规范》(SL 191—2008)采用。

当机组正常运行时，$\tau=\tau_{x1}+\tau_{x3}$；短路时，$\tau=\tau_{x1}+\tau_{x2}+\tau_{x3}$；飞逸时，$\tau=\tau_{x4}$。

### 2.3.2 动力计算(包括验算共振、振幅和动力系数计算)

机墩动力计算的目的是：

(1)校核机墩强迫振动和自振之间是否会产生共振现象。

(2)验算振幅是否在允许范围内。

(3)核算动力系数(为静力计算所用)。

机墩自振频率的计算通常简化为单自由度体系的振动，将机墩圆筒本身的重量，用一个作用于筒顶的集中质量(相当质量)来代替，在计算自振频率和动力系数时，假定为无阻尼作用，并认为机墩振动是在弹性范围内的微幅振动。

2.3.2.1　自振频率计算

机墩的自振频率，一般分为垂直、水平和扭转三种自振频率。

(1)垂直自振频率。机墩的振动是由无阻尼单自由度体系来确定自由振动频率，因而其垂直自振频率为

$$n_{01}=\frac{30}{\sqrt{G_1\delta_1}}=\frac{30}{\sqrt{\left(\sum P_i+P_0\right)\frac{H}{E_hF}+P_a\delta_p}}\quad (\text{r/min}) \tag{2-24}$$

式中 $G_1$——机墩每米周长垂直静荷载重，kN/m；

$H$——机墩的高度，m；

$F$——机墩截面面积，$m^2$；

$E_h$——混凝土的弹性模量，kPa；

$\sum P_i$——作用在机墩顶部的全部垂直荷载，kN；

$P_a$——蜗壳顶板自重，kN；

$P_0$——机墩自重，kN；

$\delta_p$——蜗壳顶板在单位垂直力作用下的挠度，m/kN。

(2)水平横向自振频率。

$$n_{02}=\frac{30}{\sqrt{G_2\delta_2}}=\frac{30}{\sqrt{\left(\sum P_i+0.35P_0\right)\frac{H^3}{3E_hJ_p}}}\quad (\text{r/min}) \tag{2-25}$$

式中 $J_p$——机墩截面惯性矩，$m^4$；

$\delta_2$——机墩顶端作用单位水平力时的水平变位，m/kN，可按下端固定、上端自由的空心圆筒悬臂梁求得，即忽略楼板对机墩顶的固结影响。

(3)水平扭转自振频率。

$$n_{03}=\frac{60}{2\pi}\sqrt{\frac{g}{J_\phi\phi}}=\frac{30}{\sqrt{J_\phi\phi}}\quad (\text{r/min}) \tag{2-26}$$

$$J_\phi=\sum P_ir_i^{\ 2}+0.35P_0R_0^{\ 2} \tag{2-27}$$

其中

$$\phi=\frac{H}{GI_p}$$

式中 $J_\phi$——相当于集中在机墩顶端的荷载转动惯量，kN · $m^2$；

$r_i$——垂直荷载至回转中心距离，m；

$R_0$——机墩的平均半径，m；

$\phi$——单位扭矩作用下机墩的扭转角，rad/(kN · m)；

$G$——混凝土的剪切弹模，kPa；

$I_p$——机墩的极惯性矩，$I_p=\frac{\pi(D^4-d^4)}{32}$，$m^4$；

$d$、$D$——机墩内、外直径，m。

2.3.2.2　机组强迫振动频率

机组在正常运行时，机墩受迫振动一般有以下两种：

(1)由机组转子质量不平衡产生的强迫振动，其频率等于机组每分钟转数，即

$$n_1 = n(或\ n_p)\quad (r/min) \tag{2-28}$$

这就是机组离心力的振动频率，对机墩来讲，它是外力，所以称为强迫振动频率，振动的方向是水平的。

(2)由水力冲击产生的强迫振动，其频率等于导叶叶片与转轮叶片在运动中的相互交会次数，即

$$n_2 = \frac{n_0 Z_1 Z_2}{a}\quad (r/min) \tag{2-29}$$

式中　$Z_1$、$Z_2$——导叶叶片数与转轮叶片数；

$a$——$Z_1$、$Z_2$ 的最大公约数。

2.3.2.3　共振校核

求出强迫振动频率 $n_1$、$n_2$ 以及自振频率 $n_{01}$、$n_{02}$、$n_{03}$后，即可进行共振校核。为避免与机墩自振频率发生共振，要求机墩的自振频率与强迫振动频率之差和自振频率之比应大于20%~30%。如果不能满足，则应修改机组尺寸。

2.3.2.4　振幅计算

振幅计算包括垂直振幅、水平横向振幅和水平扭转振幅三种。

(1)垂直振幅。

$$A_1 = \frac{P_1}{G_1/g}\frac{1}{\sqrt{(\lambda_1^2 - \omega_1^2)^2 + 0.2\omega_1^2\lambda_1^2}} \tag{2-30}$$

式中　$\lambda_1$——垂直方向的自振圆频率，$\lambda_1 = \frac{2\pi n_{01}}{60} = 0.104\,7 n_{01}$，1/s；

$\omega_1$——垂直方向的迫振圆频率，$\omega_1 = \frac{2\pi n_1}{60} = 0.104\,7 n_1$，1/s；

$P_1$——作用在机墩上的垂直动荷载，kN。

(2)水平横向振幅。

$$A_2 = \frac{P_2}{G_2/g}\frac{1}{\sqrt{(\lambda_2^2 - \omega_2^2)^2 + 0.2\omega_2^2\lambda_2^2}} \tag{2-31}$$

式中　$\lambda_2$——水平方向的自振圆频率，$\lambda_2 = \frac{2\pi n_{02}}{60} = 0.104\,7 n_{02}$，1/s；

$\omega_2$——水平方向的迫振圆频率，$\omega_2 = \frac{2\pi n_2}{60} = 0.104\,7 n_2$，1/s；

$G_2$——作用在机墩上的全部垂直荷载加0.35倍机墩自重，kN；

$P_2$——作用在机墩上的水平动荷载，即离心力，kN。

(3)水平扭转振幅。

$$A_3 = \frac{M_n R}{\frac{I_\phi}{g}\sqrt{(\lambda_3^2 - \omega_3^2)^2 + 0.2\lambda_3^2\omega_3^2}} \tag{2-32}$$

式中　$M_n$——正常扭矩或短路扭矩，kN·m；

$R$——机墩的外圆半径,m;

$I_\phi$——作用在机墩顶部荷载的转动惯量加0.35倍自重的转动惯量,kN·m$^2$;

$\lambda_3$——机墩扭转自振频率,$\lambda_3 = 0.104\ 7n_{03}$,1/s;

$\omega_3$——机墩扭转迫振频率,$\omega_3 = 0.104\ 7n_p$,1/s。

2.3.2.5 振幅校核标准

为保持机组的旋转稳定性,算出的振幅值应满足:

垂直振幅　　$A_1 < 0.10 \sim 0.15$ mm

水平振幅　　$A_2 + A_3 < 0.15 \sim 0.20$ mm

2.3.2.6 动力系数的核算

结构在动荷载作用下的变形与应力比静荷载所产生的变形与应力大,即

$$\eta = \frac{1}{1 - \left(\frac{n_i}{n_{0i}}\right)^2} \tag{2-33}$$

式中 $\eta$——动力系数;

$n_i$——机墩强迫振动频率,r/min;

$n_{0i}$——机墩在相应于$n_i$方向的自振频率,r/min。

在机墩结构计算时,将动荷载乘以动力系数当成静荷载计算,设计中$\eta$值一般采用1.3~1.5。从式(2-33)中计算出的$\eta$值若小于1.3~1.5,仍采用1.3~1.5。

## 2.4 圆筒式机墩配筋

圆筒式机墩沿圆筒圆周配置竖向钢筋、水平环向钢筋、孔口钢筋,一般不布置斜向钢筋。

竖向受力筋应按偏心受压柱计算确定,直径不小于16 mm,间距不大于30 cm,沿内外壁各布置一层,兼起架立筋的作用。

环向筋起固定竖向筋,抵抗温度应力、混凝土收缩应力及环向力作用。由于机墩水平环向截面大,环向应力相对较小,一般均按构造配筋。直径不小于12 mm,间距不大于30 cm。

大孔口根据孔口应力计算结果,按应力大小在孔边配环向筋,直径10~16 mm,间距不大于10~15 cm;小孔孔边配适量的钢筋。

## 2.5 风罩墙的结构计算

风罩墙一般是钢筋混凝土薄壁圆筒结构,底部与机墩圆筒顶部固结,顶部与发电机层楼板的连接有整体式、简支式和分离式三种。风罩墙一般是整体浇筑,也可用预制构件分片组合。

2.5.1 风罩墙计算简图

风罩墙结构计算简图通常有以下两种:

(1)当风罩墙半径与壁厚之比($R/\delta$)大于10,并且高度较大时,可按有限长的薄壁圆筒公式计算,底部固接,顶部自由或径向简支。

(2)当开孔较多且尺寸较大,破坏圆筒整体性时,按圆周上为单宽的竖向梁计算,底部固接,顶部采用自由、铰支、固接或与发电机层楼板刚接,风罩墙与发电机层楼板一起按

Γ形框架计算,但环向要适当布筋加强。

2.5.2 荷载

风罩墙承受的荷载有:

(1)结构自重。

(2)发电机层楼板传来的荷载。

(3)发电机上支架千斤顶水平推力。

(4)发电机产生短路扭矩时,发电机层楼板施于风罩的约束扭矩。

(5)温度应力。温度应力不与千斤顶力组合。

2.5.3 内力计算及配筋

根据各项算出的纵向弯矩、水平径向剪力、纵向轴力、环向弯矩和环向轴力后,分别按最不利组合叠加。以纵向弯矩、纵向轴力按偏心受压构件配置风罩墙纵向钢筋,以环向弯矩按受弯构件配置环向钢筋,环向轴力忽略不计,并用水平径向剪力校核风罩墙水平截面的抗剪强度。

## 3 蜗壳结构计算

蜗壳是水轮机的进水设备,进口与引水钢管连接,把水流引向水轮机导水叶进入转轮。其尺寸与断面形状由制造厂家根据水力模型试验确定。

蜗壳必须满足强度条件,并不应开裂与渗漏。当电站最高水头 $H_{max} \geqslant 40$ m 时,应采用圆形断面的金属蜗壳,外包以钢筋混凝土。当电站最高水头 $H_{max} < 40$ m 时,可采用梯形断面的钢筋混凝土蜗壳,但对水头超过 30 m 的情况,宜采用薄钢板衬砌,防止混凝土裂缝而渗水。

### 3.1 钢蜗壳外围混凝土结构计算

3.1.1 构造方法

金属蜗壳是圆形薄壁结构,在蜗壳上半部与外围混凝土之间应设 2 ~ 4 层总厚为 2 ~ 4 cm 的沥青油毛毡或软木玛瑞脂等弹性垫层,使二者互相分离,受力互不传递。钢蜗壳承担全部内水压力,外围混凝土结构承担上部结构传来的荷载及自重,如图 2-9 所示。

对此种蜗壳,结构计算主要是针对蜗壳中心线以上的外围混凝土结构,蜗壳中心线以下部分混凝土与块体结构整体浇筑,不必计算。

当金属蜗壳与外围混凝土之间不设垫层时,外围混凝土结构除承受结构自重和外荷载外,还要承受部分内水压力。

3.1.2 荷载与荷载组合

金属蜗壳外围混凝土结构承受的荷载及荷载组合如下。

3.1.2.1 荷载

(1)结构自重 $A_1$。

(2)机墩传来的荷载 $A_2$。机墩静力计算中求出的底面正应力假定为直线分布。

(3)水轮机层地面活荷载 $A_3$。参考实际工程资料确定。

(4)内水压力(包括水击压力)$A_4$。

(5)外水压力 $A_5$。

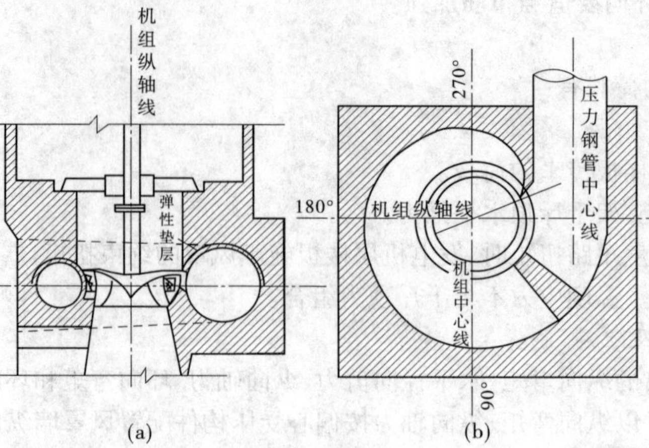


图 2-9 金属蜗壳外围混凝土结构

(6)温度影响力 $A_6$。

3.1.2.2 荷载组合

蜗壳外围混凝土结构荷载组合按表 2-4 采用。

表 2-4 蜗壳荷载组合

| 蜗壳型式 | 荷载组合 | | 荷载名称 | | | | | |
|---|---|---|---|---|---|---|---|---|
| | | | $A_1$ | $A_2$ | $A_3$ | $A_4$ | $A_5$ | $A_6$ |
| 金属蜗壳外围混凝土 | 基本组合 | | √ | √ | √ | | | |
| 钢筋混凝土蜗壳 | 基本组合 | | √ | √ | √ | √ | √ | |
| | 特殊组合 | 1. 正常运行 + 温度影响力 | √ | √ | √ | √ | √ | √ |
| | | 2. 蜗壳放空 | √ | √ | √ | | √ | |
| | | 3. 校核洪水位运行 | √ | √ | √ | √ | √ | |

3.1.3 蜗壳结构计算模型

蜗壳外围混凝土是空间整体结构，当不考虑金属蜗壳与外围混凝土结构联合作用时，内力计算一般按平面问题处理。设计中常沿蜗壳中心线径向切取若干单位宽度的截面，按平面Γ形框架进行计算；对大型工程宜采用三维有限元分析。

当有技术经济论证时，也可考虑由蜗壳与外围混凝土联合作用，水压力由钢蜗壳与外围混凝土共同承担。内力计算由三维有限元分析、结构模型试验确定。

因蜗壳尺寸及外围混凝土厚度在沿蜗壳中心线的平面内是变化的，所取的截面一般为0°、90°、180°包角线处，而0°截面（蜗壳进口处）往往是控制截面。Γ形框架横梁（顶板）与座环连接端假定为铰接，蜗壳边墙底部固接于下部块体混凝土上或安装高程处，如图 2-10所示。

蜗壳外围结构的一、二期混凝土间易形成冷缝，故Γ形刚架截面厚度仅考虑二期混凝土的厚度。

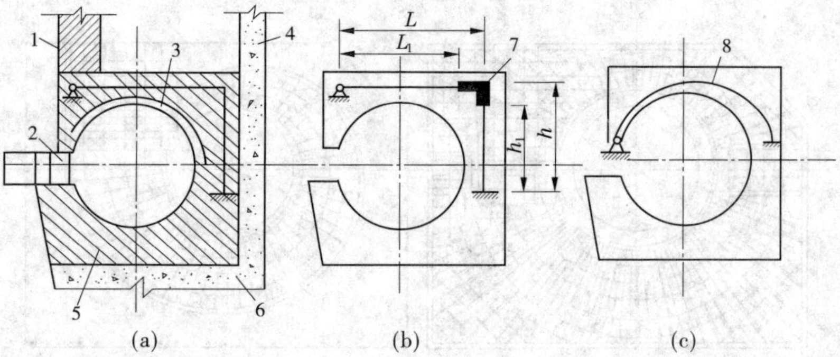


1—机墩;2—座环;3—弹性垫层;4—外墙;5—二期混凝土;6——期混凝土;7—刚性结点;8—圆拱

**图2-10 钢蜗壳外围混凝土结构计算简图**

计算简图的选取以杆件曲面中心轴线为准。

(1)当杆件截面厚度较小,截面最小高度 $h$ 与计算跨度 $L$ 之比 $h/L<1/5$ 或蜗壳尺寸很小时,可忽略结点宽度和剪切变形影响,按一般Γ形刚架计算。

(2)当杆件截面厚度很大,$h/L>1/5$ 时,应考虑结点刚度和剪力引起的剪切变形对结构内力的影响,可将结点宽度范围内的杆件用刚性杆段代替,如图2-10(b)所示。

为简化计算,可按杆件中心线长度 $L$ 及 $h$ 构成的Γ形刚架计算跨中弯矩,用净跨长 $L_1$ 及 $h_1$ 构成的Γ形刚架计算结点弯矩。初步估算时也可按净跨 $L_1$ 及 $h_1$ 构成的Γ形刚架计算内力,不考虑刚性杆段作用。

(3)当蜗壳边墙较厚,或相邻两机组段之间不设永久性变形缝,蜗壳边墙刚度比顶板刚度大8倍以上时,可考虑按一端铰接于座环、另一端固接于边墙的梁或圆拱计算,如图2-10(c)所示。

### 3.1.4 内力计算

根据计算简图及荷载,用结构力学方法求出杆件内力。

(1)不考虑剪切变形和结点刚性影响。Γ形刚架的内力计算可直接利用有关建筑结构计算手册图表及公式进行。

(2)考虑剪切变形和结点刚性影响。这种Γ形刚架的内力计算,在杆件形常数和载常数计算中,需计入剪切变形和结点刚性影响,其他计算完全相同。

### 3.1.5 配筋原则

由于蜗壳断面小的地方用Γ形刚架计算内力不很合理,一般除进口断面按计算配筋外,其余部位可采用计算值的80%配筋或按构造配筋。

蜗壳顶板按受弯构件配筋。受力筋径向辐射等距布置,上下各一层。上层钢筋可分区按一定等差切断,但切断点应伸出边墙外周边 $30d$ 以上。下层钢筋可沿金属蜗壳表面整环布置,两端与座环焊接。计算时不计水平环向约束,但在顶板及边墙的环向应配置构造钢筋及温度筋,直径不小于20 mm,间距不大于20~30 cm。

蜗壳的边墙按偏心受压构件配筋,受力筋垂直向布置,分内外两层,直径不宜小于12~16 mm,间距不大于20~30 cm。外围混凝土结构的配筋情况,如图2-11所示。

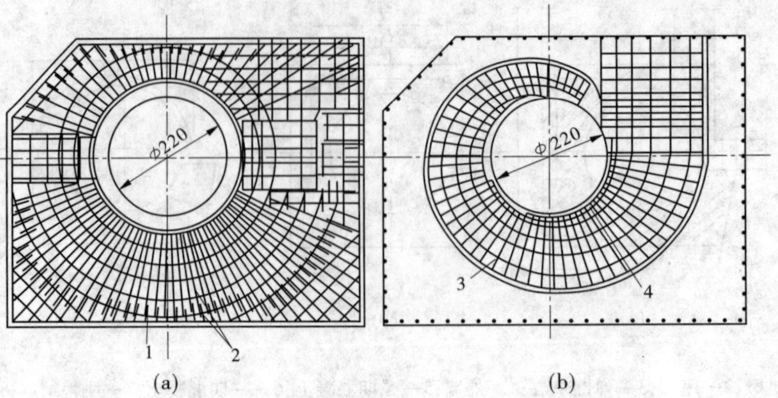


1—水平环向构造温度筋;2—径向受力筋等差切断;

3—径向受力筋沿蜗壳表面整环布置;4—水平环向构造温度筋

**图 2-11 金属蜗壳外围混凝土结构配筋图**

外围混凝土结构不需验算斜截面强度。混凝土允许开裂,但应验算裂缝开展宽度。

## 3.2 钢筋混凝土蜗壳

### 3.2.1 钢筋混凝土蜗壳的构造

钢筋混凝土蜗壳既承受自重与上部结构传来的荷载,又承受内水压力。由于这种蜗壳过流量大且防渗要求高、体型复杂,因此对设计施工的要求较高,必须满足强度、抗渗要求。蜗壳组成如图 2-12 所示,包括以下几部分:

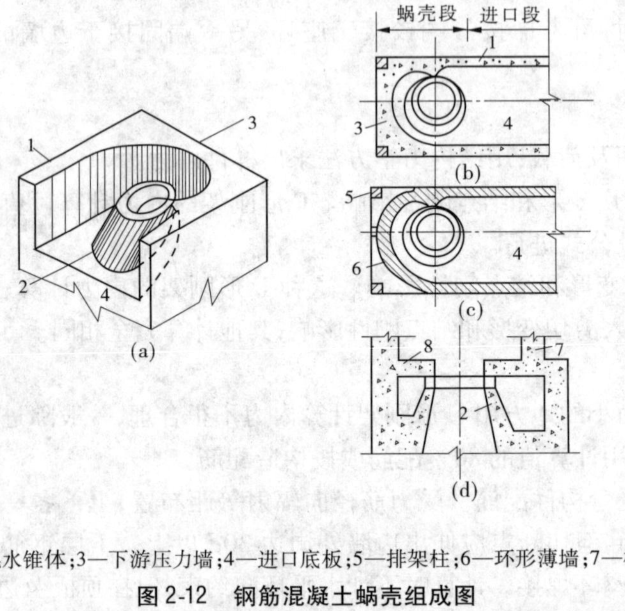


1—侧墙;2—尾水锥体;3—下游压力墙;4—进口底板;5—排架柱;6—环形薄墙;7—机墩;8—顶板

**图 2-12 钢筋混凝土蜗壳组成图**

(1)进口段。由顶板、边墙、底部大块体结构或底板组成。当进口段横截面跨度较大时,可在跨中设中墩以改善顶板受力条件。

(2)蜗壳段。由顶板、侧墙(左、右侧墙和下游墙)及底部大块体结构组成。顶板为螺旋形环形板,内周边为圆形,支承于水轮机座环上,外周边支承于侧墙上。蜗壳段侧墙为厚壁块体墙,其形状也为螺旋形,三个边界分别与顶板、底板及下游压力墙相接。

(3)尾水锥体。为变厚度、变高度圆筒锥体,顶端为支承水轮机座环的水平圆环,支承顶板内周边。顶板与蜗壳底板以此为界,下接尾水管直锥段,如图2-12(d)所示。

(4)底板。与尾水管周围混凝土连成整体,一般不予计算。

3.2.2 荷载及荷载组合

钢筋混凝土蜗壳荷载及荷载组合,与金属蜗壳外围混凝土结构相同。

3.2.3 内力计算

钢筋混凝土蜗壳结构与钢蜗壳外围结构一样,是个整体性的空间结构,只有用三维有限元法才能求出蜗壳结构的整体应力状态。目前,设计中沿用的基本方法有结构力学法或弹性理论方法,对大型厂房应用三维有限元计算蜗壳结构内力。

3.2.3.1 平面框架法

把钢筋混凝土蜗壳空间整体结构简化为平面框架计算,可利用结构力学常用图表计算。方法与金属蜗壳外围混凝土结构相同,宜于中小型机组采用。

(1)进口段。沿水流方向切取单宽横截面,按固接于底板的Π形框架计算,荷载为内水压力及自重。

(2)蜗壳段。沿下游压力墙中心周长从径向切取单宽平面Γ形框架。框架横梁(蜗壳顶板)一端与水轮机座环铰接,另一端与蜗壳侧墙刚接,侧墙固接于蜗壳底板或尾水管顶板上。此法在计算中忽略了平面框架之间的相互作用即环向约束,如图2-13(a)所示。计算简图上的刚架荷载按实际作用位置确定,如图2-13(b)所示。

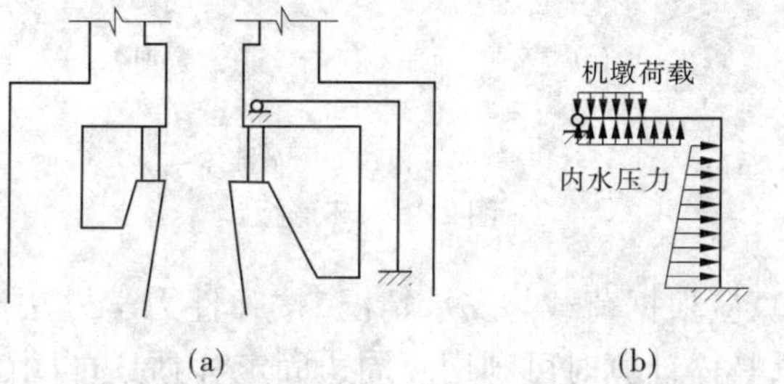


图2-13 平面框架法

(3)尾水锥体。为一变厚、变高的厚壁锥形圆筒,上端水平,下端为螺旋形曲面,如图2-14(a)所示。计算时,一般简化为上端自由、下端固接于尾水管弯管和边墩上的等厚、等高短圆筒。圆筒高度取进水口处锥体最大高度 $H$,厚度与直径取上、下两端平均值,如图2-14(b)所示,图中 $r_0=(r_1+r_2)/2$。

圆筒顶部承受水轮机座环传来的垂直荷载及自重;圆筒环向作用有蜗壳内水压力与尾水管内水压力之差,近似按均布荷载考虑,作用于正圆筒外壁,如图2-14(d)所示。

3.2.3.2 环形板墙法

环形板墙法认为蜗壳顶板和侧墙的连接为固接,因而蜗壳顶板、侧墙和压力墙可分开

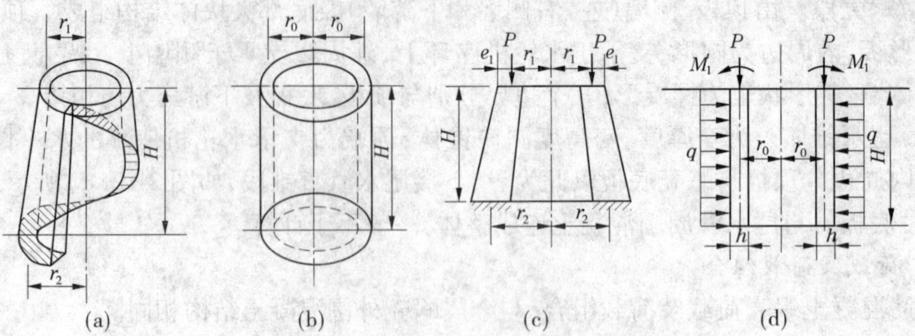


图 2-14 钢筋混凝土蜗壳尾水锥体计算简图

计算,假定各自为独立结构,不考虑相互之间的变位调整,仅考虑反力传递。

(1)进口段。顶板与侧墙都按两端固定的梁式板或双向板计算。

(2)蜗壳旋形段。旋形段顶板作为环形板计算或将顶板分成数块,每块均作为环形板的一部分计算,如图 2-15 所示。环形板外周视为固定端,内周根据具体布置情况确定支承形式:支承在水轮机导水叶座环上时,作为铰支考虑;当与机墩整结时,按固定端考虑。顶板荷载有自重、机墩传来的荷载、水轮机层地板传来的荷载及内水压力等。

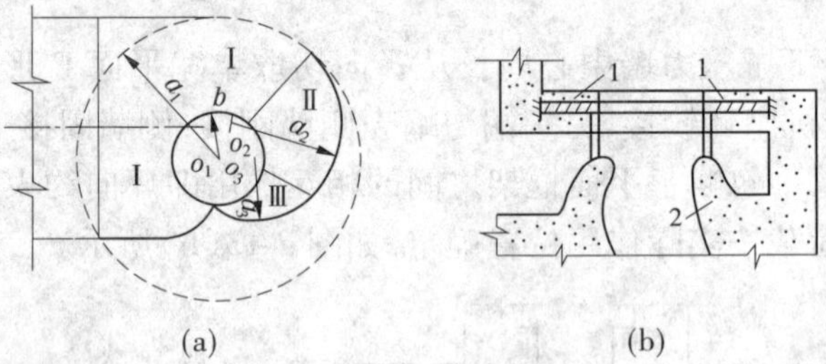


1—蜗壳顶板;2—尾水锥体

图 2-15 环形板

环形板的内力计算应根据荷载与支承情况,按弹性力学方法计算内力。由于环形板以承受均布荷载为主,具体计算时可利用外周边固定、内周边自由的环形板在环面上作用均布荷载,沿内周边作用集中荷载或弯矩时内力计算的现成图表和公式,计算内周边的挠度、转角及内力值,根据实际支座处变位为零的条件,求出支座反力(集中力),并求出在支座反力作用下的内力与均布荷载作用下的内力叠加,从而得出各种内周边支承情况下环形板承受均布荷载时的内力。顶板还受到侧墙传来的径向拉力(内水压力产生),此拉力颇大,顶板应按偏心受拉构件计算配筋。

(3)蜗壳墙体由侧墙与下游压力墙组成,如图 2-16 所示。侧墙和压力墙的荷载有内水压力、自重、顶板传来的垂直力和温度荷载等。

蜗壳侧墙分为两部分。靠近下游压力墙部分墙体按三边固接、一边自由的双向板计算,上游进口段部分则按上下两边固定的单向板计算。

下游压力墙为一变厚、变高墙体,近似按四边固定板计算,厚度按压力墙最薄处厚度计。

当下游压力墙为等厚环形薄墙时，可看作由许多高为 $H$ 的单宽垂直梁和半径为 $R$ 的水平圆环组成的结构，两者共同承担内水压力。垂直方向上、下两端分别固接于顶板及底板，水平圆环位于梁中部 $H/2$ 范围内，两端连接于侧墙。梁内侧水压力呈阶梯形分布，外侧受到水平圆环反力作用，梁顶部受到顶板传来的垂直荷载作用。根据梯形荷载 $q$ 作用下垂直梁产生的挠度应与圆环在反力 $P_k$ 作用下产生的环向伸长相等的变形相容条件，求出 $P_k$ 作为外荷载作用于垂直梁，即可计算垂直梁的内力，如图2-17所示。

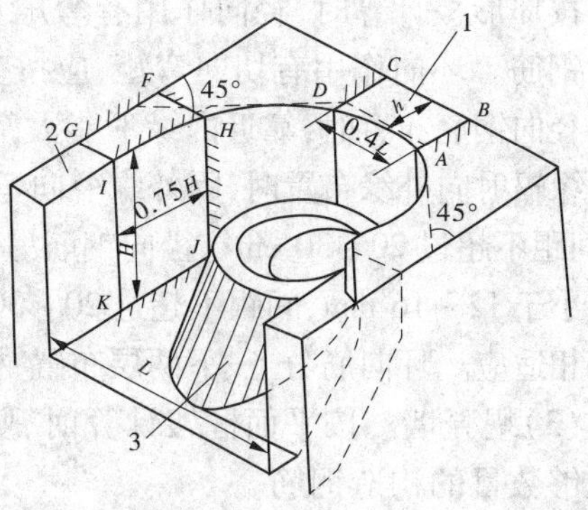


1—下游边墙；2—侧向边墙；3—尾水管锥体

**图2-16 蜗壳墙体计算简图**

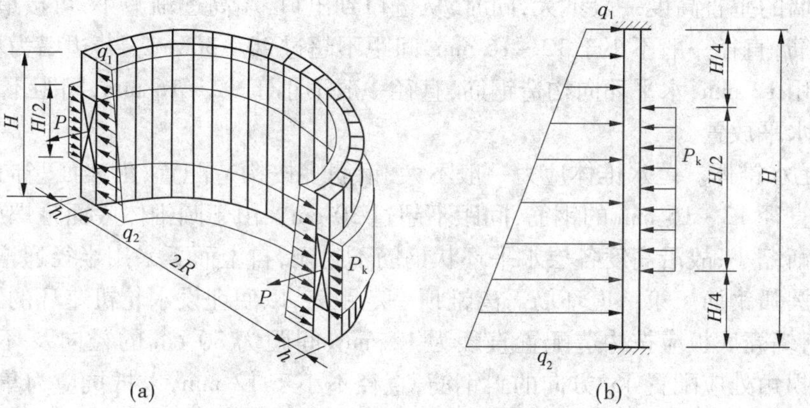


*h*—墙厚；*R*—圆筒半径

**图2-17 环形薄墙计算简图**

对侧墙与下游压力墙的内力计算，根据相应的图表和公式进行。侧墙还受到由顶板传来的轴向拉力（由内水压力产生），故侧墙亦为偏心受拉构件。

（4）尾水锥体。可根据计算简图，按工程手册中有关等厚壁圆筒的计算公式和图表进行。

### 3.2.4 配筋原则

钢筋混凝土蜗壳承受较大的内水压力，除强度计算外，应按不允许开裂进行校核。

（1）进口段。按平面框架计算，顶板为偏心受拉构件，受力钢筋直径一般不小于12～16 mm，顺水流方向布置分布钢筋，直径一般不小于12 mm，间距不超过30 cm。

边墙及中墩按偏心受拉构件配筋，竖向受力钢筋直径不小于12～16 mm，间距不超过20～30 cm。水平分布筋直径不小于12 mm，间距不超过30 cm。若边墙为块体结构，竖向钢筋直径可采用12 mm。

（2）顶板。按平面Γ形刚架计算内力时，顶板按偏心受拉构件计算配筋，径向为受力钢筋。计算中忽略环向约束，但仍应按受力钢筋的20%配置环向构造钢筋，分上、下两层布置。

按环形板计算时，径向作用有弯矩及水平力，按偏心受拉构件分上、下两层配置径向受力钢筋。环向作用有切向弯矩，应按受弯构件配置环向钢筋。

径向钢筋布置时，靠近内缘不能太密，间距应根据钢筋用量确定，净距不宜小于 5 cm。从内缘辐射向外缘布置时，因外缘径向弯矩较大，上层可用短钢筋加密，并与蜗壳墙钢筋相连，间距不超过 20 ~ 30 cm。径向钢筋另一端焊接于座环上。径向钢筋按构造配置时，直径不宜小于 12 ~ 16 mm，间距不超过 20 ~ 30 cm。环向钢筋宜用弧形，用分段焊接方式与蜗壳螺线相适应。环向筋分上、下两层布置，构造要求与金属蜗壳外围混凝土结构相同。

(3) 蜗壳墙。按平面框架计算时，竖向受力钢筋按偏心受拉构件配置。环向则应布置足够数目的构造钢筋。

当按厚壁墙计算时，垂直方向除弯矩外，还应计入竖向内力，按偏心受拉构件配筋。内水压力对压力墙产生的水平向拉力，由于两端为大体积结构而变得很小，故可按受弯构件配筋。

蜗壳墙的垂直高度一般不大，同时，从进口到出口，墙高逐渐减小，可按最大弯截面配置竖向钢筋，直径一般不小于 12 ~ 16 mm，间距不超过 20 ~ 30 cm。若边墙为块体混凝土，竖向筋可用 12 mm，水平环向构造钢筋，直径一般不小于 12 ~ 16 mm，间距不超过 30 cm，沿内外层水平放置。

(4) 尾水锥体。尾水锥体应力一般不大，钢筋多按构造配置，沿表面竖向及水平环向均匀布置直径 12 ~ 16 mm 的钢筋，间距不超过 30 cm。由于圆锥体底面是螺旋面，高度从进口起逐渐缩小，故沿高度各层水平环状钢筋不封闭，自上而下采用半径递增而圆心角依次递减的圆弧钢筋。第一道环筋需离锥顶一定距离，以便埋设水轮机座环的钢板和螺栓。

此外，蜗壳底板应按构造配置直径为 12 mm、间距为 30 cm 的径向及环向钢筋各一层。截面拐角处应配置 45°方向的斜钢筋，直径不小于 12 mm，以抵抗应力集中。间距则与竖向内层钢筋及顶板径向内层钢筋协调确定。

钢筋混凝土蜗壳配筋示意，如图 2-18 所示。

## 4 尾水管

尾水管是水电站水下部分的主要承重结构之一，它的内部形状和尺寸由水轮机制造厂通过水力模型试验确定。直锥形尾水管大多用于容量较小的水轮机中，无需结构计算。为了减小水力损失和厂房开挖，目前大多采用弯肘形尾水管。

大型水电站的尾水管结构分析宜进行三维有限元计算。

### 4.1 尾水管结构

尾水管按结构特点分为直锥段、弯管段和扩散段三部分。直锥段四周为大体积混凝土，一般不需进行结构计算；弯管段和扩散段则为顶板、底板、边墩和中墩组成的复杂空间结构，如图 2-19 所示。

扩散段底板结构型式有以下两种。

#### 4.1.1 分离式底板

若基础为坚硬完整的岩基，尾水管底板宜与边墙、中墩及弯管段底板用永久缝分开，整个厂房的荷载由墩子传给地基，改善底板受力条件。

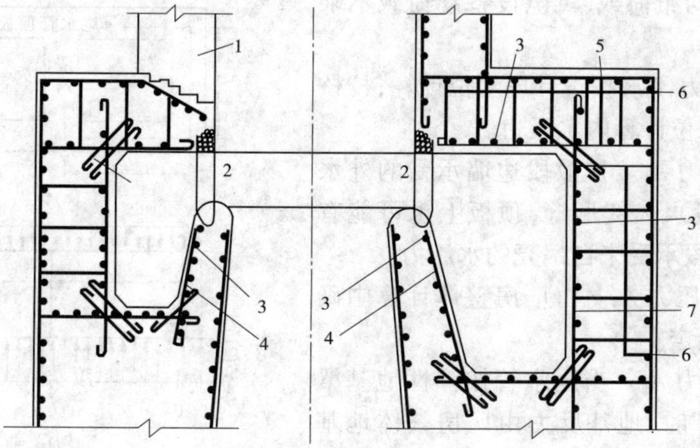


1—机墩;2—座环立柱;3—环向筋;4—受力筋;5—径向受力筋;6—架立筋;7—垂直受力筋

图2-18　钢筋混凝土蜗壳配筋图

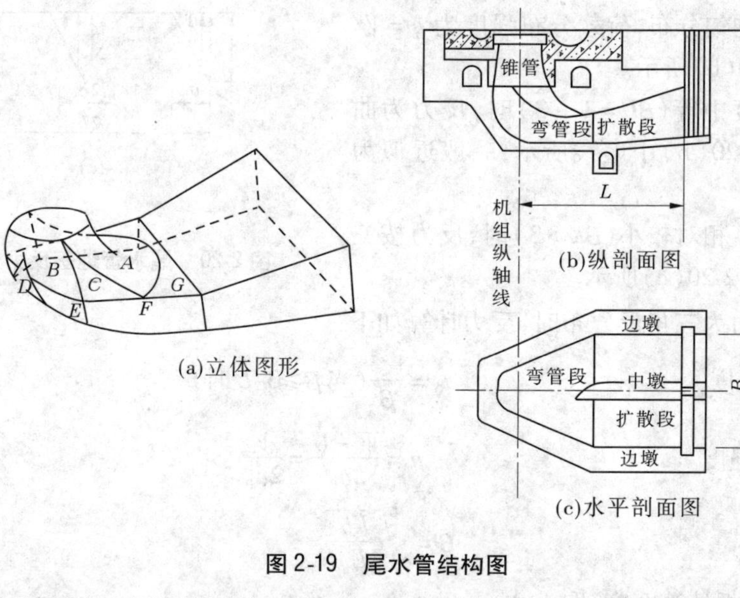


(a)立体图形　(b)纵剖面图　(c)水平剖面图

图2-19　尾水管结构图

为减薄底板厚度亦可不做底板而只在基岩表面衬护抹光,为在检修时满足抗浮稳定,应设可靠的排水设施,底板上常设排水孔与锚筋,使作用在底板上的浮托力可减小40%～60%;也可做榫槽使底板反向支承在墩子上。

4.1.2　整体式底板

修筑在软基或破碎岩基上的尾水管底板与边墩、中墩及变管段浇筑成整体结构,形成箱形刚架结构。大中型工程整体式尾水管底板厚度大多在1 m以上,有的达2～3 m。

## 4.2　荷载及荷载组合

4.2.1　荷载

(1)结构自重$A_1$。

(2)上部结构(二期混凝土)及设备传来的重量$A_2$。尾水管顶板上沿垂直水流方向的分布,近似作为均布荷载,机电设备动荷载不乘以动力系数。

(3)内水压力 $A_3$。按设计尾水位计算,校核情况按校核尾水位计算内水压力。

(4)外水压力 $A_4$。扩散段边墙承受的外水压力来自机组段永久变形缝,顶板上也可能有外水压力,锥管段承受来自蜗壳的水压力。

(5)基础扬压力 $A_5$。由厂房整体计算中确定的扬压力图给定。

(6)地基反力 $A_6$。当尾水管按弹性地基梁或平面框架计算时,地基反力由厂房整体地基应力计算得到的地基反力分布图确定。对整体式尾水管,其地基反力可做如下假定:

①底板刚度较大($\beta L<1$)时,垂直水流方向的地基反力为均匀分布,荷载分布强度为 $q=V/(2L)$,如图2-20(b)所示。

②底板刚度中等($\beta L=1\sim3$)时,反力为曲线分布,如图2-20(b)中虚线所示,一般近似为三角形分布。

③底板刚度相对较小($\beta L>3$)时,反力按三角形分布,如图2-20(c)所示。

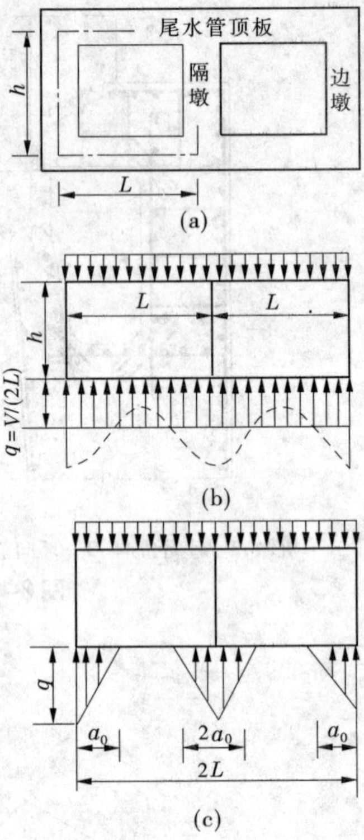


图2-20　尾水管地基反力分布图

当地基反力为三角形分布时,反力计算如下:

反力荷载宽度
$$a_0=\frac{1.5}{\beta}(\text{当}\beta\geqslant 3/L\text{时})\tag{2-34}$$

反力最大强度
$$q=\frac{W-U}{2a_0}=\frac{V}{2a_0}\tag{2-35}$$

特征系数
$$\beta=\sqrt[4]{\frac{Kb}{4E_hJ}}\tag{2-36}$$

式中　$b$——底板计算宽度,取1.0 m;

$K$——基岩弹性抗力系数;

$E_h$——底板混凝土弹性模量,kPa;

$J$——计算宽度内底板截面惯性矩,$m^4$;

$L$——底板跨度,m;

$W$——上部荷载的合力,kN;

$U$——底板扬压力合力,kN;

$V$——基础反力合力,kN。

4.2.2　荷载组合

尾水管荷载组合见表2-5。

表2-5 尾水管荷载组合

| 荷载组合 | 计算情况 | 荷载名称 | | | | | | | | | | |
|---|---|---|---|---|---|---|---|---|---|---|---|---|
| | | $A_1$ | $A_2$ | $A_3$ | | $A_4$ | | | $A_5$ | | | $A_6$ |
| | | | | 正常尾水位 | 校核尾水位 | 正常尾水位 | 校核尾水位 | 检修尾水位 | 正常尾水位 | 校核尾水位 | 检修尾水位 | |
| 基本组合 | 正常运行 | √ | √ | √ | | √ | | | √ | | | √ |
| 特殊组合 | 检修 | √ | √ | | | | | √ | | | | √ |
| | 校核洪水位 | √ | √ | | √ | | √ | | | √ | | √ |
| | 施工期 | √ | √ | | | | | | | | | √ |

## 4.3 计算简图及计算原则

### 4.3.1 计算简图

由于弯肘形尾水管为钢筋混凝土的空间整体结构，形状复杂，目前尚无成熟的计算方法。为简化计算，常不考虑空间整体作用而顺水流方向切取若干截面，按单宽平面结构计算。根据各剖面构件的相对刚度，分别假定按上端固定的倒框架、下端固定或铰接的框架、弹性地基上的框架进行计算，如图2-21所示。

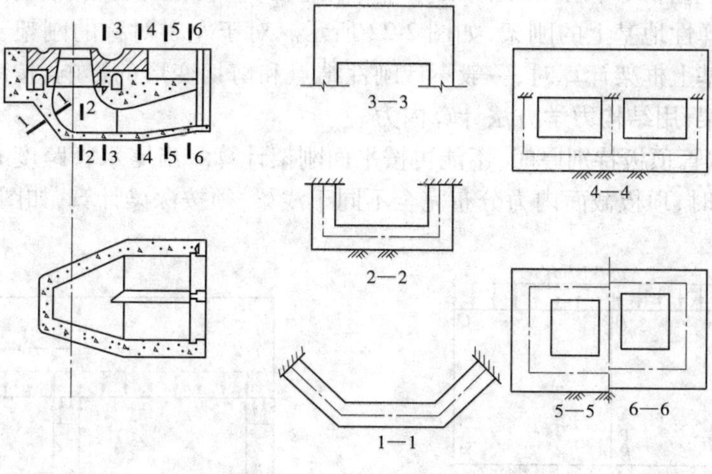


图2-21 尾水管计算简图

### 4.3.2 扩散段计算原则

扩散段包括顶板、底板、边墩和中墩。计算时沿水流方向切取若干截面，按单宽平面结构计算。通常在计算中作一些简化和假定：

(1)假定尾水管按平面框架计算，其计算跨度不能按一般杆件系统取杆件中心到中心计算，否则弯矩偏大很多。

(2)刚架内力计算中，当刚架杆件截面高度跨度比 $h/l<1/5$ 时，可不计刚架剪切变形和结点刚性影响，利用刚架结构的现成图表和公式，计算结点弯矩。

当刚架杆件截面高跨比 $h/l > 1/4 \sim 1/3$ 时，由剪应力引起的剪切变形对杆件总变形影响较大，计算时不能忽略，因属厚壁杆件，需考虑结点刚性影响，节点刚性段的长度取节点宽度的一半，柔性段的长度取净跨。支座外的配筋，原则上按柔性端弯矩计算，其数值比刚性端弯矩小很多，有时甚至改变了弯矩的方向。具体计算可参阅有关书籍。

(3)由于整个厂房的基础反力系沿水流方向通过总体计算求得，故在按单宽平面框架计算时，每一框架上的全部竖向荷载（包括自重与扬压力）与该截面底板上的基础反力之间往往存在不平衡状态，其差值由切取相邻截面间相互作用的剪力所平衡。此剪力以一定规律分配给中墩、边墩、顶板和底板。作为外荷载作用其上，框架处于平衡状态，再按结构力学方法计算平面框架内力，能得出较为精确的结果。

相邻框架间不平衡剪力推求方法可参阅有关书籍。

(4)当尾水管底板较厚、相对刚度较大时，可假定框架与底板分开计算，即框架墩子固定在底板上，求出传给底板的荷载（轴向力和弯矩）后，再将底板按弹性地基上的梁计算。

当为分离式底板（或底板很薄，或不设底板），而墩子又不挖齿槽时，则框架底端按铰接处理，荷载有上部结构传来的垂直荷载及自重，按平面问题用结构力学方法计算内力，尾水管底板视为独立结构。因检修时抗浮稳定所需，底板上一般设有钢筋与排水孔，底部荷载为自重与扬压力，可作为以锚筋为支点的无梁楼板计算，计算方法可参阅有关书籍。

如岩石坚硬完整，在挖槽、加锚筋、回填混凝土处理后，则框架底端按固端计算。

(5)底板为整体式时，切取的刚架为一自由边墙、中墩、顶板和底板构成的闭口刚架，计算时可视为弹性地基上的刚架，如图 2-22 所示。对于左右对称的刚架，可只取一半计算。按弹性地基上框架计算时，一般不计刚性结点和剪切变形的影响，按净跨作为高、宽组成的闭口刚架，用结构力学方法计算内力。

(6)当尾水管顶板特别厚时，不能再按平面刚架计算。当尾水管跨度 $l$ 与截面高度 $h$ 之比 $l/h \leqslant 2.5$ 时，顶板截面内力分布完全不同于浅梁，须按深梁计算，如图 2-23 所示。

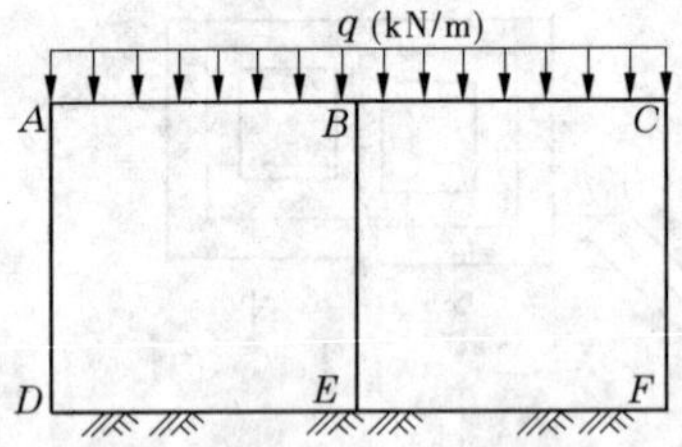


图 2-22　尾水管按弹性地基上刚架计算

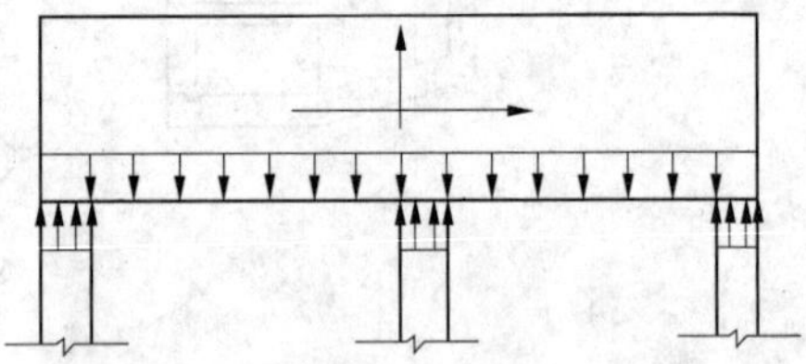

图 2-23　尾水管顶板按深梁计算简图

#### 4.3.3　弯管段计算

尾水管弯管段通常指自中间的隔墩的墩头到锥管以下这一段。该段的结构特点是顶板很厚，底板相对较薄，而两侧边墩在水平方向为变厚度。弯管段上部通常为块体混凝土，底板下游侧的边界条件通常是：当尾水管扩散段为分离式底板或无底板时为自由边；当扩散段用整体式底板时，则可考虑中墩对弯管段底板的简支作用。

实际上弯管段为一复杂的空间结构,要精确计算其内力是很困难的,其计算简图的选取要视底板、边墩、顶板三者之间相对刚度及上下游边界的支承条件而定。在设计实践中,一般有三种简化方法:

(1)平面框架。当底板、边墩、顶板的结构厚度比较一致时,底板、边墩、顶板为一整体框架结构,如图2-24(b)所示。

(2)当顶板厚度很大时,顶板可按简支深梁计算内力,如图2-24(c)所示。

(3)当顶板比较薄,两边边墩较厚、刚度较大时,按两端固定的梁式板计算。

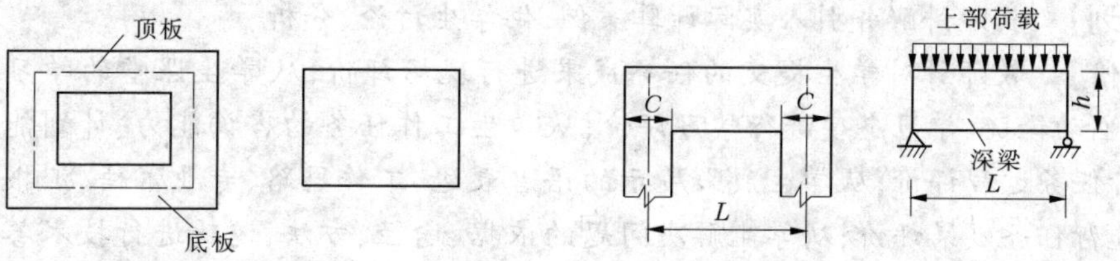


(a)弯段平面图框架结构图　(b)弯段平面框架计算简图　(c)深梁段结构图　(d)深梁段计算简图

**图2-24　弯管段结构计算简图**

### 4.4　配筋原则

尾水管各部分尺寸均较大,有的属少筋混凝土,有的仅按构造配筋以抵抗温度应力及混凝土收缩应力。

尾水管结构允许发生裂缝,但应限制裂缝开展宽度。

(1)尾水管受力钢筋按计算配置,计算方法与一般钢筋混凝土构件相同。

①受弯构件、大偏心受拉构件和大偏心受压构件的受拉钢筋配筋率不得小于0.05%。

②大偏心受压构件及大偏心受拉构件的受压钢筋,若计算结果不需配置,可不配或按构造配置适量钢筋。

③轴心受压或小偏心受压构件,一般能满足强度条件,可按构造配筋。

在非受力方向亦应布置构造钢筋,以考虑计算简图与实际受力之间存在差异及混凝土收缩引起的应力。

(2)锥管段钢筋配置。

表面布置斜直钢筋和水平环向筋,弯管段顶板顺水流方向的钢筋可沿弯道内壁均匀布置,间距应与直锥段协调,或直接由锥管段钢筋下延。水平环向筋可用长约3 m的钢筋搭接,不宜整环形布置。

底板为双向配筋,环向为受力筋,直径与间距应与侧墙钢筋相互协调。

(3)扩散段受力钢筋。水流方向垂直布置,内外壁各一层。中墩与其中的受力筋交接。沿水流方向布置构造钢筋。

(4)在所有结构转角处,应布置交叉斜钢筋,直径和间距应与构造筋一致。

(5)当尾水管顶板在水流方向的内力较小,顶板受力方向为垂直水流方向时,采用预制的倒T形梁顶板是合适的。倒T形梁兼作施工模板,并作为顶板的一部分参与受力,节约了施工模板。

# 任务3 厂房整体稳定分析及计算

**【任务目标】** 熟悉水电站厂房稳定分析计算的方法、流程，能正确进行各种工况下的荷载组合计算，并进行抗滑稳定计算。

**【任务主题】** 厂房整体抗滑稳定及计算。

**【任务要求】** 掌握整体抗滑稳定计算的荷载组合及计算方法、过程，正确进行计算。

**【执行计划】** 教师讲解并引入实际计算案例，供学生讨论、分析。

**【学习评价】** 教师针对学生提交的任务成果进行现场评价，从学生课堂的学习准备、主动质疑、主动释疑、学习态度进行学习评价；从学生工作任务的咨询能力、计划能力、实施能力进行任务过程评价；从学生成果展示的语言表达、工作思路、专业术语、汇报内容、亮点展示进行任务成果评价；从学生解决问题的依据、途径、方法、逻辑进行技术答辩评价，进而对任务成果质量进行综合评价。

厂房整体稳定和地基应力计算的内容一般包括沿地基面的抗滑稳定、抗浮稳定和厂基面垂直正应力计算。

厂房在运行、施工和检修期间，在抗滑、抗倾与抗浮方面必须有足够的安全系数，以保证厂房的整体稳定性。厂房地基应力必须满足承载能力的要求，不允许发生有害的不均匀沉陷。

河床式厂房本身是挡水建筑物，厂房地基内部存在软弱层面时，还应进行深层抗滑稳定计算。河床式厂房直接承受上游水压力，在确定地下轮廓线、校核整体稳定性和地基应力时，基本原则与混凝土重力坝及水闸相似。但因厂房机电设备多、结构形状复杂，故必须以两个永久缝之间或一个机组段长度为计算单元，进行稳定分析和地基应力计算，不能取单宽进行计算。

厂房有大量的二期混凝土，并可能有分期安装问题，故在机组安装前后荷载变化较大，确定荷载与荷载组合时也有其特点。

为了便于计算荷载，厂房的整体稳定分析按一个机组段进行计算，其计算方法与混凝土重力坝的稳定分析相同。通过计算确定厂房整体的抗滑稳定性和地基上的应力是否超过允许值，而且一般不允许出现拉应力。由于厂房的宽度较大，一般不需要进行厂房倾倒稳定性的校核。

## 1 荷载及其组合

### 1.1 荷载

#### 1.1.1 基本荷载

(1)厂房结构及永久设备自重。

(2)回填土石重。

(3)正常蓄水位或设计洪水位情况下的静水压力。

(4)相应于正常蓄水位或设计洪水位情况下的扬压力。

(5)相应于正常蓄水位或设计洪水位情况下的浪压力。

(6)泥沙压力、土压力、冰压力。

(7)其他出现机会较多的荷载。

### 1.1.2　特殊荷载

(1)校核洪水位或检修水位情况下的静水压力。

(2)相应于校核洪水位或检修水位情况下的扬压力。

(3)相应于校核洪水位或检修水位情况下的浪压力。

(4)地震力。

(5)其他出现机会较少的荷载。

作用在厂房上的静水压力应根据厂房在不同的运行工况下的上、下游水位确定。

## 1.2　荷载组合

厂房整体稳定分析的荷载组合可按表2-6的规定采用。

表2-6　厂房整体稳定分析的荷载组合

| 荷载组合 | 计算情况 | 水位选取 | | 荷载类别 | | | | | | | | | | |
|---|---|---|---|---|---|---|---|---|---|---|---|---|---|---|
| | | | | 结构自重 | 永久设备自重 | 回填土石重 | 水重 | 静水压力 | 扬压力 | 浪压力 | 泥沙压力 | 土压力 | 冰压力 | 地震力 |
| 基本组合 | 正常运行 | $a_1$ | 上游正常蓄水位和下游最低水位 | √ | √ | √ | √ | √ | √ | √ | √ | √ | √ | |
| | | $a_2$ | 上游设计洪水位和下游相应水位 | √ | √ | √ | √ | √ | √ | √ | √ | √ | | |
| | | b | 下游设计洪水位 | √ | √ | √ | √ | √ | √ | | | √ | | |
| 特殊组合 | 机组检修 | a | 上游正常蓄水位和下游检修水位 | √ | | √ | √ | √ | √ | √ | √ | √ | √ | |
| | | b | 下游检修水位 | √ | | √ | √ | √ | √ | | | √ | | |
| | 机组未安装 | a | 上游正常蓄水位或设计洪水位和下游相应水位 | √ | | √ | √ | √ | √ | √ | √ | √ | √ | |
| | | b | 下游设计洪水位 | √ | | √ | √ | √ | √ | | | √ | | |
| | 非常运行 | a | 上游校核洪水位和下游校核洪水位 | √ | √ | √ | √ | √ | √ | √ | √ | √ | | |
| | | b | 下游校核洪水位 | √ | √ | √ | √ | √ | √ | | | √ | | |
| | 地震情况 | a | 上游正常蓄水位和下游最低水位 | √ | √ | √ | √ | √ | √ | √ | √ | √ | √ | √ |
| | | b | 下游满载运行水位 | √ | √ | √ | √ | √ | √ | | | √ | | √ |

**注**:表中a适用于河床厂房,b适用于坝后和引水厂房。

厂房稳定和地基应力计算要考虑厂房施工、运行和扩大检修期的各种不利情况。

1.2.1 正常运行

对河床厂房来说，$a_1$ 组合情况下厂房承受的水头最大，$a_2$ 组合情况下扬压力最大，对稳定不利。

对坝后式厂房和引水式厂房来说，引起稳定问题的水平荷载为下游水压力，因此正常运行情况中取下游设计洪水位进行组合。

1.2.2 机组检修

河床式厂房机组检修情况下机组设备重不考虑，厂房承受的水头大，而厂房的质量轻，只有结构自重和水重，对稳定不利。

1.2.3 机组未安装

厂房施工一般是先完成一期混凝土浇筑和上部结构，以后顺序逐台安装机组并浇筑二期混凝土，机组安装周期较长，如机组是分期安装的，厂房的施工安装或更长，所以要进行机组未安装时的稳定计算。在这种计算情况中，二期混凝土和设备重不计，厂房质量最轻，而厂房已经承受水压，对抗滑和抗浮不利。

1.2.4 其他

当厂房基础设有排水孔时，特殊组合中还要考虑排水失效的情况。

## 2 计算方法和要求

厂房整体稳定和地基应力计算应以中间机组段、边机组段和安装间段作为一个独立的整体，按荷载组合分别进行。

边机组段和安装间段，除上下游水压力作用外，还可能受侧向水压力的作用，所以必须核算双向水压力作用下的整体稳定性和地基应力。

### 2.1 抗滑稳定计算

厂房抗滑稳定性可按抗剪断强度公式或抗剪强度公式计算。

2.1.1 抗剪断强度计算公式

$$K' = \frac{f'\sum G + c'A}{\sum P} \tag{2-37}$$

式中 $K'$——按抗剪断强度计算的抗滑稳定安全系数；

$f', c'$——滑动面的抗剪断摩擦系数及抗剪断黏结力；

$A$——基础面受压部分的计算面积；

$\sum G$——全部荷载对滑动面的法向分力（含扬压力）；

$\sum P$——全部荷载对滑动面的切向分力（含扬压力）。

2.1.2 抗剪强度计算公式

$$K = \frac{f\sum G}{\sum P} \tag{2-38}$$

式中 $K$——按抗剪强度计算的抗滑稳定安全系数；

$f$——滑动面的抗剪摩擦系数。

岩基厂房整体抗滑稳定的安全系数不分等级,按表2-7选用。

表2-7 抗滑稳定安全系数

| 抗滑稳定安全系数 | 荷载组合 | | |
|---|---|---|---|
| | 基本组合 | 特殊组合 | |
| | | 无地震 | 有地震 |
| $K$ | 1.10 | 1.05 | 1.00 |
| $K'$ | 3.00 | 2.50 | 2.30 |

## 2.2 抗浮稳定性计算

厂房抗浮稳定性可按下式计算

$$K_f = \frac{\sum W}{U} \tag{2-39}$$

式中 $K_f$——抗浮稳定安全系数;

$\sum W$——机组段的全部重量,kN;

$U$——作用于机组段的扬压力总和,kN。

根据《水电站厂房设计规范》(SL 266—2014),抗浮稳定安全系数 $K_f$ 在任何计算情况下不得小于1.1。

## 2.3 地基应力计算

### 2.3.1 计算方法

厂房地基面上的法向应力,可按下式计算

$$\sigma = \frac{\sum W}{A} \pm \frac{\sum M_x y}{J_x} \pm \frac{\sum M_y x}{J_y} \tag{2-40}$$

式中 $\sigma$——厂基面垂直正应力,kPa;

$\sum W$——全部荷载在厂基面上的法向分力总和,kN;

$\sum M_x, \sum M_y$——对计算截面形心轴 $x$、$y$ 轴的力矩总和,kN·m;

$x, y$——计算截面上任意点至形心轴的距离,m;

$J_x, J_y$——计算截面对形心轴 $x$、$y$ 轴的惯性矩,$m^4$;

$A$——厂基面计算截面面积,$m^2$。

### 2.3.2 计算要求

厂房地基面上承受的最大垂直正应力,不论是何种型式的厂房,在任何情况下均不应超过地基允许承载力,在地震情况下地基允许承载力可适当提高。

厂房地基面上承受的最小垂直正应力(计入扬压力)应满足下列条件:

(1)对于河床式厂房,除地震情况外都应大于零,在地震情况允许出现不大于0.1 MPa的拉应力。

(2)对于坝后式和引水式厂房,正常运行情况下,一般应大于零;机组检修、机组未安装及非常运行情况下,允许出现不大于0.1~0.2 MPa的局部拉应力。地震情况下,如出现大于0.2 MPa的拉应力,应进行专门论证。

厂房整体稳定和地基应力计算不满足应力要求时,在厂房地基中采取防渗和排水措施，如图2-25所示的河床厂房稳定分析受力图。

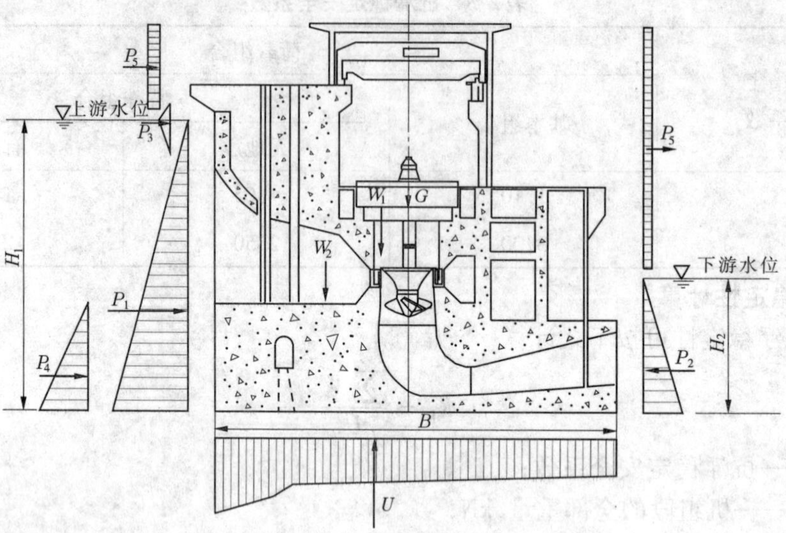


图2-25　河床厂房稳定分析受力图

## 3　厂房稳定计算步骤

### 3.1　荷载计算

3.1.1　厂房自重

3.1.1.1　一期混凝土自重 $A_1$

尾水管周围混凝土自重 $W_1$：根据厂房结构设计尺寸按照规范计算。

柱子自重 $W_2$：根据厂房结构设计尺寸按照规范计算。

尾水平台混凝土自重 $W_3$：根据厂房结构设计尺寸按照规范计算。

所以
$$A_1 = W_1 + W_2 + W_3$$

3.1.1.2　二期混凝土自重 $A_2$

蜗壳周围混凝土自重 $W_4$：根据厂房结构设计尺寸按照规范计算。

各层楼板自重 $W_5$：根据厂房结构设计尺寸按照规范计算。

所以
$$A_2 = W_4 + W_5$$

3.1.2　已安装的机电设备重 $A_3$

发电机总重 $W_6$：以机组厂家提供参数为准。

水轮机总重 $W_7$：以机组厂家提供参数为准。

所以
$$A_3 = W_6 + W_7$$

3.1.3　其他荷载

上游水压力：$A_4$。

下游水压力：$A_5$。

上浮力：$A_6$。

蜗壳和尾水管中水重:$A_7$。

特殊风荷载:$A_8$。

$$P = KK_z W_0$$

$$A_8 = PB(B\text{ 为纵向柱距})$$

浪压力荷载:$A_9$。

地震惯性力:$A_{10}$,$A_{10} = K_h C_z FW$。

地震时水的激荡力:$A_{11}$,$A_{11} = 0.65 K_h C_z \gamma_0 H_{12} L$。

### 3.2 荷载组合

在计算设计中应该对各种不同的工作情况,按照不同的荷载组合校核厂房的抗滑稳定性和地基应力分布。

在水电站正常运转情况时的荷载组合为

$$A_1 + A_2 + A_3 + A_4 + A_5 + A_6 + A_7 + A_8 + A_9$$

在水电站机组检修的情况时的荷载组合为

$$A_1 + A_2 + A_4 + A_5 + A_6 + A_8 + A_9$$

在大坝宣泄洪水时的非常情况时,泄洪时间较短,特殊风荷载可以不考虑,其荷载组合为

$$A_1 + A_2 + A_3 + A_4 + A_5 + A_6 + A_7 + A_9 + A_{10} + A_{11}$$

### 3.3 计算方法与原则

在上面可能发生的几种荷载组合中,要首先进行分析和论证,找出主要控制情况进行计算。若该厂房是建在比较好的地基上的,地基的承载力较好,计算一种情况后发现所要求的地基应力比地基承载力小得多时,亦可以不必对每一种情况都进行计算。

### 3.4 电站的地基承载能力及厂房抗滑稳定安全系数

例如:当厂房建在新鲜完整的坚硬岩石地基上,允许的承载力较大为 2 ~ 10 MPa。

厂房抗滑稳定安全系数查资料如下:(例如一级建筑物等级)

正常运行工况下:$K = 1.4$;

检修工况下:$K = 1.3$;

非常工况下:$K = 1.1$。

### 3.5 厂房的抗剪断强度验算

$$K' = \frac{f' \sum G + c'A}{\sum P}$$

$$\sum G = A_1 + A_2 + A_3 + A_7 - A_6$$

$$\sum P = A_5 + A_8 - A_4 + A_9$$

$c'$ =(按照地质专业提供相应参数)MPa

$A$ =(主厂房面积)$m^2$

所以 $K'(\text{计算结果}) \geq [K'] = 3.0$

故满足要求。

## 3.6 厂房抗浮稳定验算

$$K_f = \frac{\sum W}{U}$$

$$\sum W = A_1 + A_2 + A_3 + A_7$$

$$U = A_6$$

所以 $K_f$(计算结果) $\geqslant [K_f] = 1.1$

故满足要求。

## 3.7 厂房的抗滑稳定验算

### 3.7.1 正常运转工况下

$$\sum G = A_1 + A_2 + A_3 + A_7 - A_6$$

$$\sum P = A_5 + A_8 - A_4 + A_9$$

所以 $K = \frac{f\sum G}{\sum P} =$ (计算结果) $\geqslant [K] = 1.4$

故满足要求。

### 3.7.2 检修工况下

$$\sum G = A_1 + A_2 - A_6$$

$$\sum P = A_5 + A_8 - A_4 + A_9$$

所以 $K = \frac{f\sum G}{\sum P} =$ (计算结果) $\geqslant [K] = 1.3$

故满足要求。

### 3.7.3 非常工况下

$$\sum G = A_1 + A_2 + A_3 + A_7 - A_6$$

$$\sum P = A_5 + A_8 - A_4 + A_9 + A_{10} + A_{11}$$

所以 $K = \frac{f\sum G}{\sum P} =$ (计算结果) $\geqslant [K] = 1.1$

故满足要求。

# 项目3 水电站厂房构架设计

## 任务1 水电站厂房构架设计

**【任务目标】** 熟悉水电站厂房构架设计所需基本资料及所需规范，掌握构架设计流程及规范要求，了解构架设计所需进行计算的内容。

**【任务主题】** 熟悉水电站厂房构架设计基础资料、设计流程、计算内容及基本方法。

**【任务要求】** 了解厂房构架设计的内容，能正确进行设计基础资料的收集，参正确计算构架设计中的荷载组合。

**【执行计划】** 教师提供必要的咨询，引导学生进行设计基础资料认知；引入工程实际项目组织学生进行自主学习，教师明确工作内容、工作目标、下达工作任务；讲解设计基础资料中水文、地质、水机、电气、水工各专业知识的应用及注意的问题，以及在设计初始阶段对各专业提供资料的分析、使用方法。

**【学习评价】** 教师针对学生提交的任务成果进行现场评价，从学生课堂的学习准备、主动质疑、主动释疑、学习态度进行学习评价；从学生工作任务的咨询能力、计划能力、实施能力进行任务过程评价；从学生成果展示的语言表达、工作思路、专业术语、汇报内容、亮点展示进行任务成果评价；从学生解决问题的依据、途径、方法、逻辑进行技术答辩评价，进而对任务成果质量进行综合评价。

### 1 主要设计规范

(1)《水电站厂房设计规范》(SL 266—2014)。

(2)《水工混凝土结构设计规范》(SL 191—2008)。

(3)《水工建筑物抗震设计规范》(DL 5073—2000)。

(4)《水工混凝土钢筋施工规范》(DL/T 5169—2013)。

(5)《建筑结构荷载规范》(GB 50009—2012)。

### 2 设计参考资料

水工设计手册(水电站建筑物)，水利出版社，1984年。

### 3 基本资料

#### 3.1 工程等别与建筑物级别

(1)工程等别为________等。

(2)主厂房建筑物级别为________级。

## 3.2 自然条件

### 3.2.1 地震烈度

(1)基本地震烈度:________度。

(2)设计地震烈度:________度。

### 3.2.2 洪水标准

(1)设计洪水重现期:$T_s$ = ________年。

(2)校核洪水重现期:$T_x$ = ________年。

### 3.2.3 水位和流量。

水位和流量见表3-1。

**表3-1 水位和流量**

| 指标 | 单位 | 宣泄校核洪水 | 宣泄设计洪水 | 泄一台机最大流量 | 泄全部机最大流量 | 正常尾水位 |
|---|---|---|---|---|---|---|
| 流量($Q$) | $m^3/s$ | | | | | |
| 库水位 | m | | | | | |
| 尾水位 | m | | | | | |

### 3.2.4 气温与水温

(1)月平均气温,见表3-2。

**表3-2 月平均气温** (单位:℃)

| 月份 | 1 | 2 | 3 | 4 | 5 | 6 | 7 | 8 | 9 | 10 | 11 | 12 | 全年 |
|---|---|---|---|---|---|---|---|---|---|---|---|---|---|
| 平均气温 | | | | | | | | | | | | | |

(2)绝对最高气温________℃,绝对最低气温________℃。

(3)构架封闭温度________℃。

(4)厂内月平均气温,见表3-3。

**表3-3 厂内月平均气温** (单位:℃)

| | 月份 | 1 | 2 | 3 | 4 | 5 | 6 | 7 | 8 | 9 | 10 | 11 | 12 | 全年 |
|---|---|---|---|---|---|---|---|---|---|---|---|---|---|---|
| 地点 | 发电机层 | | | | | | | | | | | | | |
| | 电缆夹层 | | | | | | | | | | | | | |
| | 水轮机层 | | | | | | | | | | | | | |

(5)月平均水温,见表3-4。

**表3-4 月平均水温** (单位:℃)

| 月份 | 1 | 2 | 3 | 4 | 5 | 6 | 7 | 8 | 9 | 10 | 11 | 12 | 全年 |
|---|---|---|---|---|---|---|---|---|---|---|---|---|---|
| 平均水温 | | | | | | | | | | | | | |

### 3.2.5 风速与吹程

(1)设计基本风压:________ $kN/m^2$。

(2)多年平均最大风速:________ m/s。

(3)吹程:________ km。

3.2.6 积雪

设计基本雪压:________ $kN/m^2$。

## 3.3 机组及主要设备

### 3.3.1 水轮机

(1)水轮机型号:________。

(2)水轮机额定出力:________ MW,最大出力:________ MW。

(3)水轮机最大起吊重量:________ kN。

(4)水轮机最大起吊高度:________ m。

(5)起吊方式:________。

### 3.3.2 发电机

(1)发电机型号:________。

(2)发电机额定出力:________ MW,最大出力:________ MW。

(3)发电机最大起吊重量:________ kN。

(4)发电机最大起吊高度:________ m。

(5)起吊方式:________。

### 3.3.3 主变压器

(1)主变压器型号:________。

(2)最大起吊高度:________ m。

(3)最大起吊重量:________ kN。

(4)起吊方式:________。

### 3.3.4 起重机

(1)起重机型号:________,起重机跨度:________ m。

(2)最大起重量:________ kN。

(3)起重机总重:________ t。

(4)小车重:________ t。

(5)最大轮压分布图。

(6)主、副钩限制线图(包括并车线)。

(7)起重机台数:________台。

## 3.4 厂房布置及构架体型图

(1)厂房布置图。

(2)构架体型图和断面图。

(3)吊车梁布置图。

## 3.5 材料特性及安全系数

### 3.5.1 混凝土

(1)混凝土强度等级:________。

(2)混凝土容重:________ $kN/m^3$。

(3)混凝土泊松比:________。

(4)混凝土线膨胀系数:________/℃。

(5)混凝土设计强度和弹性模量,见表3-5。

**表3-5　混凝土设计强度和弹性模量**　(单位:MPa)

| 混凝土强度等级 | 轴心抗压强度 | 弯曲抗压强度 | 抗拉强度 | 抗裂强度 | 弹性模量 |
|---|---|---|---|---|---|
| | | | | | |

(6)混凝土及钢筋混凝土强度安全系数,见表3-6。

**表3-6　混凝土及钢筋混凝土强度安全系数**

| 结构特征 | 受力特征 | 荷载组合 | |
|---|---|---|---|
| | | 基本 | 特殊 |
| 混凝土 | 按抗拉强度计算的受压、受拉、受弯构件 | | |
| 钢筋混凝土 | 轴心受压、偏心受压、局部承压、斜截面受剪和受扭构件 | | |
| | 轴心受拉、受弯构件,偏心受拉构件 | | |

(7)钢筋混凝土轴心受拉、小偏心受拉构件抗裂安全系数:________。

(8)钢筋混凝土结构允许最大裂缝宽度:________。

(9)吊车梁轨顶允许最大侧向位移:________。

### 3.5.2　钢筋及钢材

(1)钢筋设计强度,见表3-7。

**表3-7　钢筋设计强度指标**

| 钢筋种类 | 直径(mm) | 设计强度 | |
|---|---|---|---|
| | | 受拉钢筋 | 受压钢筋 |
| | | | |

(2)钢板强度,见表3-8。

**表3-8　钢板强度指标**

| 钢号 | 钢板厚度(mm) | 屈服强度(MPa) | 极限强度(MPa) |
|---|---|---|---|
| | | | |

## 4　内力计算及配筋

### 4.1　计算原则和假定

一般情况下,厂房构架按平面构架分别进行横向和纵向计算。必要时,可考虑构架的空间作用。

屋面横梁采用桁架、梯形钢屋架或横梁刚度较连接处柱刚度大得多时,可视为铰接。

横向跨度以轴线为准,轴线通过最小截面中心点。

下柱高度取柱固定端至牛腿顶面的距离。上柱高度,铰接时取牛腿顶面至柱顶面的距离,刚接时取牛腿顶面至横梁中心的距离。

各层楼板对构架的约束作用,应视楼板对构架的限制作用,作不动铰处理。

构架柱的固定端高程应根据基础的约束条件确定,当墙柱刚度比大于12时,即认为柱端固定。

### 4.2 荷载及荷载组合

#### 4.2.1 荷载

设计中涉及的荷载见表3-9。

表3-9 荷载

| 序号 | 荷载类型 | 内容 |
|---|---|---|
| 1 | 结构自重 | 屋面结构、吊顶、吊车梁及附件、围护墙、构架、各屋楼板和固定设备传至构架的重量 |
| 2 | 活荷载 | 屋面活荷载、雪荷载和各层楼面均布活荷载 |
| 3 | 吊车荷载 | 吊车空载荷载、吊车满载、水平制动力 |
| 4 | 风荷载 | 正常风荷载、最大风荷载 |
| 5 | 水压力 | 按静水压力计算,地震时增加动水压力 |
| 6 | 地震荷载 | 按《水工建筑物抗震设计规范》(DL 5073—2000)计算 |
| 7 | 温度荷载 | 无应力温度取多年平均气温,最高和最低温度分别取月平均最高气温和月平均最低气温 |
| 8 | 施工荷载 | 根据选定的施工方案确定施工荷载 |

#### 4.2.2 荷载组合

荷载组合见表3-10。

### 4.3 内力计算

水电站厂房排架,一般均为混合构架系统,可采用结构力学方法计算,在有条件时应进行有限元分析。

### 4.4 配筋计算

柱按偏心受压构件计算配筋,一般应考虑以下几种情况:

(1)最大轴向力($N_{max}$)与相应的正弯矩($+M$)或负弯矩($-M$)。

(2)最小轴向力($N_{min}$)与相应的正弯矩($+M$)或负弯矩($-M$)。

(3)最大弯矩($M_{max}$)或最小弯矩($M_{min}$)与相应的轴向力($N$)。

## 5 构造要求

厂房构架除满足一般梁柱构造要求和普通框架抗震构造要求外,还应满足以下要求:

(1)混凝土标号不得低于C20(28 d龄期)。

表 3-10　荷载组合

| 荷载组合 | 计算情况 | 荷载名称 | | | | | | | | | | | | |
|---|---|---|---|---|---|---|---|---|---|---|---|---|---|---|
| | | 结构自重 | 屋面永久机电设备重 | 屋面活荷载或雪荷载 | 发电机层楼板荷载 | 水压力 | | 吊车荷载 | | | 风荷载 | 温度荷载 | 施工荷载 | 地震力 |
| | | | | | | 设计洪水位 | 校核洪水位 | 吊车自重轮压 | 吊车满载轮压 | 吊车水平制动力 | | | | |
| 基本组合 | 1. 吊车满载 | √ | √ | √ | √ | √ | | | √ | √ | | | | |
| | 2. 吊车空载 + 风荷载 | √ | √ | √ | √ | √ | | √ | | | √ | | | |
| 特殊组合 | 1. 吊车满载 + 风荷载 + 温度荷载 | √ | √ | √ | √ | √ | | | √ | √ | √ | √ | | |
| | 2. 吊车空载 + 温度荷载 + 施工荷载 | √ | √ | √ | √ | √ | | √ | | | | √ | √ | |
| | 3. 吊车空载 + 地震力 | √ | √ | √ | √ | √ | | √ | | | | | | √ |
| | 4. 吊车空载 + 校核洪水压力 | √ | √ | | √ | | √ | √ | | | √ | | | |

注：荷载组合时应考虑施工期厂房未封顶或厂房封顶机坑二期混凝土未浇情况。

(2)横梁(屋面梁)与柱刚接时应设承托，承托的高度为(0.5～1)$h$($h$为柱载面高度)，承托斜面与水平线成30°～40°，沿承托面需布置2～4根斜筋予以加强，斜筋直径同横梁主筋，节点箍筋应作扇形布置，并适当加密。

(3)横梁(屋面梁或屋架)与立柱铰接时，应在立柱顶和横梁底设预埋件，同时采用螺栓连接和焊接连接。需验算柱顶混凝土局部承压条件。

(4)柱与基础连接为刚接，除满足一般混凝土连接要求外，还应在连接面设键槽，在立柱截面中间部位加设4～8根直径为12～16 mm的插筋，以保证固端作用，同截面受力钢筋的焊接接头面积不得超过钢筋总面积50%，预埋筋伸出长度不小于50 cm。

(5)吊车梁与立柱连接，一般在柱牛腿面和小柱侧面预埋钢板焊接，再用细石混凝土回填。对于现浇的吊车梁，吊车梁与立柱连接可用预埋插筋即可。

## 6　应提供的设计成果

### 6.1　设计报告与计算书

(1)设计报告。

(2)构架内力计算及配筋计算书。

(3)专题报告(必要时)。

### 6.2　图纸

(1)构架、连续梁、支撑布置图。

(2)构架体型、埋设件布置及连接详图。

(3)构架配筋图(包括工程量表)。

### 6.3　工程量汇总表

应提供工程量汇总表。

# 任务2　水电站吊车梁设计

**【任务目标】** 熟悉水电站厂房吊车梁设计所需基本资料及所需规范，掌握构架设计流程及规范要求，了解构架设计所需进行计算的内容。

**【任务主题】** 熟悉水电站厂房吊车梁设计基础资料、设计流程、计算内容及基本方法。

**【任务要求】** 熟悉吊车梁设计规范要求、内力计算基本方法及构造要求。

**【执行计划】** 教师提供必要的咨询，引导学生进行设计基础资料认知；引入工程实际项目组织学生进行自主学习；明确工作内容、工作目标，下达工作任务；讲解设计基础资料中水文、地质、水机、电气、水工各专业知识的应用及应注意的问题，以及在设计初始阶段对各专业提供资料的分析、使用方法。

**【学习评价】** 教师针对学生提交的任务成果进行现场评价，从学生课堂的学习准备、主动质疑、主动释疑、学习态度进行学习评价；从学生工作任务的咨询能力、计划能力、实施能力进行任务过程评价；从学生成果展示的语言表达、工作思路、专业术语、汇报内容、亮点展示进行任务成果评价；从学生解决问题的依据、途径、方法、逻辑进行技术答辩评价，进而对任务成果质量进行综合评价。

本工程厂房吊车梁形式为________。

(1)吊车梁主要分为钢筋混凝土和钢吊车梁两大类;而钢筋混凝土吊车梁又分为普通钢筋混凝土吊车梁和预应力钢筋混凝土吊车梁。

(2)对于跨度较大或轮压较大的吊车梁,可考虑采用钢梁方案;对于普通钢筋混凝土吊车梁可考虑预制单跨简支梁或现浇多跨连续梁;如确有必要,也可考虑预应力钢筋混凝土吊车梁。

## 1 主要设计规范

(1)《水工混凝土结构设计规范》(SL 191—2008)。

(2)《水电站厂房设计规范》(SL 266—2014)。

(3)《混凝土结构设计规范》(GB 50010—2010)。

## 2 设计参考资料

水工设计手册。

## 3 基本资料

### 3.1 工程等别与建筑物级别

(1)工程等级为________等。

(2)建筑物级别为________级。

### 3.2 吊车资料

(1)吊车型号:________。

(2)台数:________台。

(3)总重:________ t。

(4)小车重:________ t。

(5)平衡梁及吊具重:________ t。

(6)钢轨型号:________。

(7)轨距:________ m。

(8)最大竖向轮压:________ kN。

(9)竖向轮压最大偏心距:________ m。

(10)轮压分布图。

### 3.3 材料特性及安全系数

#### 3.3.1 混凝土

(1)混凝土强度等级:________。

(2)混凝土容重:________ $kN/m^3$。

(3)混凝土泊松比:________。

(4)混凝土设计强度和弹性模量,见表3-11。

表3-11 混凝土设计强度和弹性模量 (单位:MPa)

| 混凝土强度等级 | 轴心抗压强度 | 弯曲抗压强度 | 抗拉强度 | 抗裂强度 | 弹性模量 |
|---|---|---|---|---|---|
| | | | | | |

3.3.2 钢筋

(1)钢筋设计强度与弹性模量见表3-12。

表3-12 钢筋设计强度和弹性模量 (单位:MPa)

| 钢筋种类 | 直径(mm) | 设计强度 | | 弹性模量 |
|---|---|---|---|---|
| | | 受拉钢筋 | 受压钢筋 | |
| | | | | |

(2)泊松比:________。

3.3.3 安全系数

(1)强度安全系数见表3-13。

表3-13 强度安全系数

| 结构特征 | 受力特征 | 荷载组合 | |
|---|---|---|---|
| | | 基本 | 特殊 |
| 混凝土 | 按抗拉强度计算的受压、受拉、受弯构件 | | |
| 钢筋混凝土 | 轴心受压、偏心受压、局部承压、斜截面受剪和受扭构件 | | |
| | 轴心受拉、受弯构件,偏心受拉构件 | | |

(2)抗裂安全系数:________。

(3)允许最大裂缝宽度:________ mm。

注意:钢筋混凝土吊车梁最大裂缝宽度不大于0.3 mm,当纵向钢筋在3排或3排以上时,要求不大于0.25 mm。

(4)允许最大挠度:________ mm。

注意:钢筋混凝土吊车梁最大挠度不大于$L/600$,其中$L$为吊车梁跨度。

### 3.4 厂房布置及厂房结构体型图

(1)厂房布置图。

(2)厂房结构体型图。

## 4 内力计算及配筋

### 4.1 计算原则和假定

(1)水电站厂房吊车为轻级工作制,一般不验算吊车梁重复荷载下的疲劳强度。

(2)吊车梁结构为双向受弯、受剪、受扭组合构件,计算时弯、剪、扭分开计算,而后把剪、扭计算结果叠加。

(3)无论简支梁还是连续梁,梁端部与柱子固定,在计算扭矩时均按两端固定的单跨梁考虑。

(4)吊车梁应进行静力计算及施工阶段验算。

(5)钢筋混凝土吊车梁应验算正截面强度、斜截面抗剪和抗扭强度、挠度计算及裂缝开展宽度计算。

(6)由于水平力产生的水平弯矩很小,一般忽略水平弯矩的影响,不再验算双向受弯强度。

(7)在吊车梁斜截面强度和裂缝开展宽度计算中,宜采用计入高跨比影响的计算公式。

### 4.2 荷载

(1)梁自重(运输吊装验算时需乘以1.5动力系数)。

(2)钢轨及附件重。

(3)吊车最大竖向轮压(应乘动力系数1.1)。

(4)吊车横向水平制动力(作用在轨顶,与轨顶垂直,由各轮平均分担,一般不再乘动力系数)。

(5)吊车纵向水平制动力(作用在轨顶,与轨顶平行,一般不再乘动力系数)。

上述(3)、(4)、(5)项荷载计算时,计算公式详见《水电站厂房设计规范》(SL 266—2014)的4.2.4条。

### 4.3 内力计算

(1)吊车梁视具体情况作为简支梁或多跨连续梁考虑,可采用结构力学方法,利用影响线原理确定最不利位置,求出弯矩、剪力包络图。

(2)扭矩计算公式详见《水电站厂房设计规范》(SL 266—2014)的4.3.4条,T形及I形断面的抗扭计算见钢筋混凝土结构有关文献。

### 4.4 配筋计算

(1)按弯矩、剪力包络图确定主受力钢筋及抗剪弯起钢筋。

(2)箍筋面积由抗扭和抗剪两部分叠加。

(3)附加纵向钢筋面积由抗扭计算确定。

## 5 构造要求

吊车梁除应满足一般钢筋混凝土梁的构造要求外,还应满足以下要求:

(1)钢筋混凝土吊车梁的混凝土强度等级不得低于C25(28 d龄期)。

(2)纵向受力钢筋不宜采用光面钢筋,一般可采用16Mn或螺纹钢筋。

(3)纵向受拉钢筋不得采用绑扎接头,在梁跨中央1/3范围内不许有焊接接头,在纵向受拉钢筋上不得焊有任何附件(端部锚固除外)。

(4)箍筋不得采用开口箍,在梁端$L_m+1.5h$($L_m$为主筋锚固长度,$h$为梁截面高度)范围内,箍筋面积应比跨中增加20%~25%。

(5)为防止在支座附近发生短柱式受压破坏,在梁端部应设置附加垂直向构造钢筋和水平箍筋,竖直向构造钢筋应焊在支承钢板(或型钢)上,并深入梁的上翼缘内。

(6)吊车梁上翼缘应预留固定轨道用的预留孔或钢管,腹板上预留滑触线安装孔,有车挡的吊车梁应预留与车挡连接用的钢管或埋件。

(7)现浇吊车梁与柱连接,一般在柱牛腿面和小柱侧面预留插筋与梁整体浇筑;也可在吊车梁侧面设边梁以增强侧向稳定性。

(8)预制吊车梁与柱的连接,一般采用预埋钢板焊接,再用细石混凝土回填。

(9)吊车梁与轨道的连接,通常采用预埋螺栓,在梁顶用C30细石混凝土找平或高强水泥砂浆回填,放置钢轨,再用压板将钢轨固定。

## 6 应提供的设计成果

### 6.1 设计报告及计算书

(1)设计报告。

(2)吊车梁内力及配筋计算书。

(3)专题报告(必要时)。

### 6.2 图纸

(1)吊车梁布置图。

(2)吊车梁体型及钢筋图。

(3)吊车梁预留孔、埋件及轨道连接详图。

### 6.3 工程量汇总表

必要时应提供工程量汇总表。

# 任务3 水电站厂房圆筒式机墩设计

**【任务目标】** 了解水电站厂房圆筒式机墩设计所需基本资料及所需规范,掌握构架设计流程及规范要求,了解构架设计所需进行计算的内容。

**【任务主题】** 了解水电站厂房圆筒式机墩设计基础资料、设计流程、计算内容及基本方法。

**【任务要求】** 了解圆筒式机墩设计中计算假定、构造要求、设计流程。

**【执行计划】** 教师提供必要的咨询,引导学生进行设计基础资料认知;引入工程实际项目组织学生进行自主学习;明确工作内容、工作目标,下达工作任务;讲解设计基础资料中水文、地质、水机、电气、水工各专业知识的应用及应注意的问题,以及在设计初始阶段对各专业提供资料的分析、使用方法。

**【学习评价】** 教师针对学生提交任务成果进行现场评价,从学生课堂的学习准备、主动质疑、主动释疑、学习态度进行学习评价;从学生工作任务的咨询能力、计划能力、实施能力进行任务过程评价;从学生成果展示的语言表达、工作思路、专业术语、汇报内容、亮点展示进行任务成果评价;从学生解决问题的依据、途径、方法、逻辑进行技术答辩评价,进而对任务成果质量进行综合评价。

## 1 主要设计规范

(1)《水工混凝土结构设计规范》(SL 191—2008)。

(2)《水电站厂房设计规范》(SL 266—2014)。

(3)《水力发电厂机电设计规范》(DL/T 5186—2004)。

## 2 设计参考资料

水工设计手册。

## 3 基本资料

### 3.1 工程等别与建筑物级别

(1)工程等级为________等。

(2)电站厂房级别为________级。

### 3.2 荷载资料

发电机楼板传来荷载:________ t/m。

### 3.3 机电设备参数

(1)发电机转子连轴重:________ t。

(2)发电机定子重:________ t。

(3)发电机上机架重:________ t。

(4)发电机下机架重:________ t。

(5)励磁机转子重:________ t。

(6)励磁机定子重:________ t。

(7)发电机出力:________ MVA。

(8)发电机正常转速:________ r/min。

(9)发电机飞逸转速:________ r/min。

(10)发电机功率因子 $\cos\varphi$:________。

(11)发电机暂态电抗:________ Ω。

(12)水轮机转轮连轴重:________ t。

(13)水轮机轴向水推力:________ kN。

(14)水轮机导叶叶片数:________。

(15)水轮机转轮叶片数:________。

(16)机组转动中心偏距:________ cm。

### 3.4 主要尺寸数据

(1)发电机风罩内径:________ cm。

(2)定子螺栓孔中心直径:________ cm。

(3)下机架外径:________ cm。

(4)下机架螺栓孔中心直径:________ cm。

(5)水轮机机坑内径:________ cm。

(6)机坑悬臂内径:________ cm。

(7)发电机层楼板厚:________ cm。

(8)发电机风罩厚:________ cm。

(9)发电机机罩厚:________ cm。

(10)定子面至发电机层楼面:________ cm。

(11)定子面至下机架面:________ cm。

(12)水轮机坑悬臂高:________ cm。

(13)水轮机踏脚板高程:________ m。

(14)水轮机层地面高程:________ m。

(15)发电机层楼面高程:________ m。

## 3.5 材料特性及安全系数

### 3.5.1 混凝土

(1)混凝土强度等级:________。

(2)混凝土容重:________ $kN/m^3$。

(3)混凝土泊松比:________。

(4)混凝土设计强度与弹性模量见表3-14。

**表3-14 混凝土设计强度与弹性模量** (单位:MPa)

| 混凝土强度等级 | 轴心抗压强度 | 弯曲抗压强度 | 抗拉强度 | 抗裂强度 | 弹性模量 |
| --- | --- | --- | --- | --- | --- |
| | | | | | |

### 3.5.2 钢筋

(1)钢筋设计强度与弹性模量,见表3-15。

**表3-15 钢筋设计强度与弹性模量** (单位:MPa)

| 钢筋种类 | 直径(mm) | 设计强度 | | 弹性模量 |
| --- | --- | --- | --- | --- |
| | | 受拉钢筋 | 受压钢筋 | |
| | | | | |

(2)钢筋泊松比:________。

### 3.5.3 安全系数

(1)强度安全系数见表3-16。

**表3-16 强度安全系数**

| 结构特征 | 受力特征 | 荷载组合 | |
| --- | --- | --- | --- |
| | | 基本 | 特殊 |
| 混凝土 | 按抗拉强度计算的受压、受拉、受弯构件 | | |
| 钢筋混凝土 | 轴心受压、偏心受压、局部承压、斜截面受剪和受扭构件 | | |
| | 轴心受拉、受弯构件,偏心受拉构件 | | |

(2)抗裂安全系数________。

(3)允许最大裂缝宽度________ mm。

(4)机墩强迫振动的最大振幅:垂直振幅不大于0.15 mm,水平横向与扭转振幅之和不大于 0.2 mm。

3.6　**厂房布置和厂房结构体型图**

(1)厂房布置图。

(2)厂房结构体型图。

3.7　**发电机、水轮机的总装图、基础图**

(1)发电机和水轮机的总装图。

(2)发电机和水轮机的基础图。

## 4　内力计算及配筋

4.1　**计算假定**

(1)计算中假定圆筒底部为固定端,顶部为自由端,不考虑楼板刚度的作用。静力计算不考虑蜗壳顶板变形的影响。

(2)作用于机墩的楼板荷载、风罩自重及机组荷载均假定均布在机墩顶部,并换算成相当圆筒中心圆周的荷载。

(3)圆筒内力在圆筒中心周长截取单位宽度按偏心受压柱计算,最大纵向力 $N$ 和相应弯矩 $M$ 发生在圆筒底部。

(4)静力计算中的动荷载均乘以动力系数,动力系数取 1.5。

4.2　**计算公式**

机墩内力计算包括静力计算和动力计算,计算公式详见《水电站厂房设计规范》(SL 266—2014)。

4.3　**荷载及组合**

4.3.1　荷载

(1)垂直静荷载(结构自重 + 发电机层楼板荷载 + 发电机定子重 + 机架重 + 附属设备重):$A_1$。

(2)垂直动荷载(发电机转子重 + 励磁机转子重 + 水轮机转轮重 + 轴向水推力):$A_2$。

(3)水平动荷载:正常运行时,$A_3$;飞逸时,$B_1$。

(4)扭矩:正常运行时,$A_4$;短路时,$B_2$。

4.3.2　组合

(1)基本组合:正常运行时,$A_1 + A_2 + A_3 + A_4$。

(2)特殊组合:短路时,$A_1 + A_2 + A_3 + B_2$;飞逸时,$A_1 + A_2 + B_1$。

4.4　**内力计算**

参见《厂房内力计算手册》有关公式。

4.5　**配筋计算**

配筋计算参见《水工混凝土结构设计规范》(SL 191—2008)有关公式。

## 5　构造要求

(1)圆筒式机墩混凝土标号不得低于 C20(28 d 龄期)。

(2)机墩上的孔洞或切口,应考虑应力集中,适当加强配筋。

(3)一般不配斜向筋。

(4)竖向受力钢筋按内力最大截面受压构件配置,内外层相同,最小配筋率0.1%,不宜小于4根/m,横向钢筋按垂直钢筋降低1~2级选用,间距不大于25 cm。

(5)参见《水电站厂房设计规范》(SL 266—2014)的4.4.11条。

## 6 观测设计

根据工程具体情况设置。

## 7 应提供的设计成果

### 7.1 设计报告与计算书

(1)设计报告。

(2)圆筒式机墩内力及配筋计算书。

(3)专题报告(必要时)。

### 7.2 图纸

(1)圆筒式机墩体型图。

(2)圆筒式机墩分层分块图。

(3)圆筒式机墩钢筋图。

### 7.3 工程量汇总表

应提供工程量汇总表。

# 任务4 水电站厂房金属蜗壳外围混凝土设计

**【任务目标】** 熟悉水电站厂房金属蜗壳外围混凝土设计所需基本资料及所需规范,掌握设计流程及规范要求,了解设计所需进行计算的内容。

**【任务主题】** 熟悉水电站厂房金属蜗壳外围混凝土设计基础资料、设计流程、计算内容及基本方法。

**【任务要求】** 了解金属蜗壳外围混凝土设计基本假定和荷载组合、内力计算要求及注意事项。

**【执行计划】** 教师提供必要的咨询,引导学生进行设计基础资料认知;引入工程实际项目组织学生进行自主学习;明确工作内容、工作目标,下达工作任务;进行蜗壳受力分析。

**【学习评价】** 教师针对学生提交的任务成果进行现场评价,从学生课堂的学习准备、主动质疑、主动释疑、学习态度进行学习评价;从学生工作任务的咨询能力、计划能力、实施能力进行任务过程评价;从学生成果展示的语言表达、工作思路、专业术语、汇报内容、亮点展示进行任务成果评价;从学生解决问题的依据、途径、方法、逻辑进行技术答辩评价,进而对任务成果质量进行综合评价。

## 1 主要设计规范

(1)《水工混凝土结构设计规范》(SL 191—2008)。

(2)《水电站厂房设计规范》(SL 266—2014)。

(3)《水工混凝土钢筋施工规范》(DL/T 5769—2013)。

## 2　设计参考资料

水工设计手册。

## 3　基本资料

### 3.1　工程等级与建筑物级别

(1)工程等别为________等。

(2)建筑物级别为________级。

### 3.2　地震烈度

(1)地震基本烈度为________度。

(2)建筑物地震设防烈度为________度。

### 3.3　水位

(1)上游:正常蓄水位________m,死水位________m,设计洪水位________m,校核洪水位________m。

(2)下游:正常尾水位________m,最低尾水位________m,设计洪水尾水位________m,校核洪水尾水位________m。

### 3.4　气温与水温

(1)月(年)平均气温,见表3-17。

表3-17　月(年)平均气温　(单位:℃)

| 月份 | 1 | 2 | 3 | 4 | 5 | 6 | 7 | 8 | 9 | 10 | 11 | 12 | 全年 |
|---|---|---|---|---|---|---|---|---|---|---|---|---|---|
| 平均气温 | | | | | | | | | | | | | |

(2)月(年)平均水温,见表3-18。

表3-18　月(年)平均水温　(单位:℃)

| 月份 | 1 | 2 | 3 | 4 | 5 | 6 | 7 | 8 | 9 | 10 | 11 | 12 | 全年 |
|---|---|---|---|---|---|---|---|---|---|---|---|---|---|
| 平均水温 | | | | | | | | | | | | | |

### 3.5　荷载

(1)风罩传来的荷载:________kN/m$^2$。

(2)水轮机层地面活荷载:________kN/m$^2$。

(3)机墩传来的静荷载和动荷载:________kN和________kN。

(4)蜗壳设计最大内水压力:________MPa。

### 3.6　材料特性及安全系数

#### 3.6.1　混凝土

(1)混凝土强度等级:________。

(2)混凝土容重:________ $kN/m^3$。

(3)混凝土泊松比:________。

(4)混凝土设计强度和弹性模量见表3-19。

表3-19 混凝土设计强度和弹性模量 (单位:MPa)

| 混凝土强度等级 | 轴心抗压强度 | 弯曲抗压强度 | 抗拉强度 | 抗裂强度 | 弹性模量 |
|---|---|---|---|---|---|
| | | | | | |

### 3.6.2 钢筋

(1)钢筋设计强度和弹性模量见表3-20。

表3-20 钢筋设计强度和弹性模量 (单位:MPa)

| 钢筋种类 | 直径(mm) | 设计强度 | | 弹性模量 |
|---|---|---|---|---|
| | | 受拉钢筋 | 受压钢筋 | |
| | | | | |

(2)钢筋泊松比:________。

### 3.6.3 安全系数

(1)强度安全系数见表3-21。

表3-21 强度安全系数

| 结构特征 | 受力特征 | 荷载组合 | |
|---|---|---|---|
| | | 基本 | 特殊 |
| 混凝土 | 按抗拉强度计算的受压、受拉、受弯构件 | | |
| 钢筋 | 轴心受压、偏心受压、局部承压、斜截面受剪和受扭构件 | | |
| 混凝土 | 轴心受拉、受弯构件,偏心受拉构件 | | |

(2)抗裂安全系数:________。

(3)允许最大裂缝宽度:________ mm。

## 3.7 厂房布置、厂房结构体型图以及浇筑分块图

(1)厂房布置图。

(2)厂房结构体型图。

(3)厂房浇筑分块图。

# 4 内力计算及配筋

金属蜗壳外围混凝土设计有两种不同的结构方案:一种是在金属蜗壳上半部铺设弹性垫层;另一种是不设弹性垫层,采用预压缝隙法施工。

## 4.1 设计基本假定

(1)简化为平面应力计算时,根据结构尺寸及边界条件截取计算断面,一般至少沿蜗壳0°~90°切取两个控制断面。

(2)采用平面框架时,可假设内水压力全部由金属蜗壳承担。采用有限元计算时,应考虑内水压力对外围混凝土的影响,即在划分网格时应包括钢板和弹性垫层单元,并计入内水压力作用。

(3)通过机墩传来的荷载有垂直荷载和水平荷载,视布置情况,简化为均布荷载或集中荷载。

(4)温度应力问题。水利水电科学研究院在研究三峡工程蜗壳时认为温度应力对内力影响很大;大(2)型及中型工程,可不考虑温度影响,但对于大(1)型以上工程应考虑温度影响。

(5)机组转动部分荷载应考虑动力系数。

### 4.2 荷载及组合

#### 4.2.1 荷载

(1)结构自重:$A_1$。

(2)机墩传来荷载:$A_2$。

(3)水轮机层地面活荷载:$A_3$。

(4)内水压力(含水锤压力):$A_4$。

(5)温度:$A_5$。

#### 4.2.2 组合

$$A_1 + A_2 + A_3 + (A_4) + (A_5)$$

简化为平面框架,采用结构力学方法计算时,内水压力可不考虑。

### 4.3 内力计算

(1)蜗壳外围混凝土为一空间受力结构,内力计算有平面框架和有限元两种基本方法,计算结果取值应综合考虑。对大型蜗壳外围混凝土结构,宜用三维整体或局部计算进行分析。

(2)考虑剪切变形和刚性结点的框架内力分析按《水电站厂房设计规范》(SL 266—2014)附录四有关公式和表格计算。

### 4.4 配筋计算

参见《水工混凝土结构设计规范》(SL 191—2008)有关公式。

## 5 构造要求

(1)金属蜗壳外围混凝土标号应不低于C15(28 d龄期)。

(2)当计算不需配筋时,不宜按最小含筋率配置,钢筋一般选用$\phi16 \sim \phi20$,间距取20~25 cm,每米单宽内钢筋面积约12 $cm^2$。

(3)当厂家要求改善座环蝶形边的应力状态时,应考虑局部加强配筋。

(4)弹性垫层厚度与材料选择,应考虑蜗壳径向变形、垫层材料压缩变形和外围混凝土受力条件等因素,目前一般选择垫层厚度为5~8 cm。

(5)蜗壳底部座环下方倒坡,浇筑混凝土很难达到密实,设计时要考虑布设灌浆孔的要求。

## 6 观测设计

根据需要设置。

## 7 专题研究(必要时)

视工程需要选择研究题目。

## 8 工程量计算(必要时)

必要时应进行工程量计算。

## 9 应提供的设计成果

### 9.1 设计报告与计算书

(1)设计报告。

(2)专题研究报告(必要时)。

(3)蜗壳外围混凝土结构内力计算书。

### 9.2 图纸

(1)蜗壳外围混凝土体型图。

(2)蜗壳外围混凝土分层分块图。

(3)钢筋图。

### 9.3 工程量汇总表

提供工程量汇总表。

# 任务5 水电站厂房尾水管设计

**【任务目标】** 熟悉水电站厂房尾水管设计所需基本资料及所需规范,掌握设计流程及规范要求,了解设计所需进行计算的内容。

**【任务主题】** 熟悉水电站厂房尾水管设计基础资料、设计流程、计算内容及基本方法。

**【任务要求】** 了解尾水管设计基本假定和荷载组合、内力计算要求及注意事项。

**【执行计划】** 教师提供必要的咨询,引导学生进行设计基础资料认知;引入工程实际项目组织学生进行自主学习;明确工作内容、工作目标,下达工作任务;进行尾水管受力分析。

**【学习评价】** 教师针对学生提交的任务成果进行现场评价,从学生课堂的学习准备、主动质疑、主动释疑、学习态度进行学习评价;从学生工作任务的咨询能力、计划能力、实施能力进行任务过程评价;从学生成果展示的语言表达、工作思路、专业术语、汇报内容、亮点展示进行任务成果评价;从学生解决问题的依据、途径、方法、逻辑进行技术答辩评价,进而对任务成果质量进行综合评价。

## 1 主要设计规范

(1)《水工混凝土结构设计规范》(SL 191—2008)。

(2)《水电站厂房设计规范》(SL 266—2014)。

(3)《水力发电厂机电设计规范》(DL/T 5186—2004)。

## 2　参考资料

(1)弹性地基上的梁和框架,潘家铮编著,上海科技出版社,1960 年。

(2)建筑结构静力计算手册,建筑出版社,1975 年。

(3)水工钢筋混凝土结构,华东水利学院等编,水利电力出版社,1974 年。

(4)水电站地面厂房 CAD 系统 1.1 版,水利部天津勘测设计院编。

## 3　基本资料

### 3.1　工程等别与建筑物级别

(1)工程等别为________等。

(2)建筑物级别为________级。

(3)电站厂房级别为________级。

### 3.2　水位

(1)上游:正常蓄水位________m,死水位________m,设计洪水位________m,校核洪水位________m。

(2)下游:正常尾水位________m,最低尾水位________m,设计洪水尾水位________m,校核洪水尾水位________m,检修尾水位________m。

### 3.3　气温与水温

(1)月(年)平均气温,见表 3-22。

表 3-22　月(年)平均气温　　(单位:℃)

| 月份 | 1 | 2 | 3 | 4 | 5 | 6 | 7 | 8 | 9 | 10 | 11 | 12 | 全年 |
|---|---|---|---|---|---|---|---|---|---|---|---|---|---|
| 平均气温 | | | | | | | | | | | | | |

(2)月(年)平均水温,见表 3-23。

表 3-23　月(年)平均水温　　(单位:℃)

| 月份 | 1 | 2 | 3 | 4 | 5 | 6 | 7 | 8 | 9 | 10 | 11 | 12 | 全年 |
|---|---|---|---|---|---|---|---|---|---|---|---|---|---|
| 平均水温 | | | | | | | | | | | | | |

### 3.4　荷载

(1)上部结构及设备重:________kN/m。

(2)上部流态混凝土重:________kN/m。

### 3.5　尾水管参数

厂家提供的尾水管单线图。

### 3.6　材料特性及安全系数

#### 3.6.1　混凝土

(1)混凝土强度等级:________。

(2)混凝土容重:________ kN/m³。

(3)混凝土泊松比:________。

(4)混凝土设计强度与弹性模量见表3-24。

**表3-24 混凝土设计强度与弹性模量** (单位:MPa)

| 混凝土强度等级 | 轴心抗压强度 | 弯曲抗压强度 | 抗拉强度 | 抗裂强度 | 弹性模量 |
|---|---|---|---|---|---|
| | | | | | |

### 3.6.2 钢筋

(1)钢筋设计强度与弹性模量见表3-25。

**表3-25 钢筋设计强度与弹性模量** (单位:MPa)

| 钢筋种类 | 直径(mm) | 设计强度 | | 弹性模量 |
|---|---|---|---|---|
| | | 受拉钢筋 | 受压钢筋 | |
| | | | | |

(2)泊松比:________。

### 3.6.3 安全系数

(1)强度安全系数见表3-26。

**表3-26 安全系数**

| 结构 | 受力特征 | 荷载组合 | |
|---|---|---|---|
| | | 基本 | 特殊 |
| 混凝土 | 按抗拉强度计算的受压、受拉、受弯杆件 | | |
| 钢筋 | 轴心受压、偏心受压、局部承压、斜截面受剪和受扭构件 | | |
| 混凝土 | 轴心受拉、受弯构件,偏心受拉构件 | | |

(2)抗裂安全系数:________。

(3)允许最大裂缝宽度:________ mm。

### 3.7 厂房布置和厂房结构体型图

(1)厂房布置图。

(2)厂房结构体型图。

## 4 内力计算及配筋

### 4.1 计算原则与假定

尾水管实为一空间结构,本书仅针对平面问题结构力学方法而言。有条件时,应进行有限元分析。

(1)尾水管结构的内力计算,可按平面问题处理,即垂直于水流方向切若干剖面,按平面框架计算。

(2)厂房基岩完整坚硬时,尾水管扩散段底板可采取分离式。分离式底板设有可靠排水设施时，作用在底板上的浮托力可折减 40% ~60%。

(3) 当 $h/L \geqslant 0.15$ 时，为两端固结的杆件；当 $h/L \geqslant 0.3$ 时，为一端固结、一端铰结的杆件，需考虑剪切变形及刚性结点的影响（$h$ 为杆件截面高度，$L$ 为杆件净跨长度）。

(4) 当单孔断面高跨比 $h/L \geqslant 0.15$ 时，尾水管顶板厚度较大；当双孔及多孔断面高跨比 $h/L \geqslant 0.4$ 时，顶板内力可按深梁计算，边墩及中墩视作深梁的简支支座。

(5) 尾水管肘管段底板可简化为矩形或梯形板计算。当边墙与底板刚度接近时，可按倒框架计算。

(6) 尾水管上锥段为变厚度圆锥体，可近似地按等厚等高、上端自由、下端固定的短圆筒进行计算。

(7) 施工期温度影响力应考虑混凝土的徐变作用，其松弛系数取 0.5 ~0.65。

## 4.2　荷载及荷载组合

### 4.2.1　荷载

(1) 结构自重 $A_1$。

(2) 上部结构及设备重 $A_2$。

(3) 内水压力：正常水位 $A_3$，校核水位 $B_1$。

(4) 外水压力：正常水位 $A_4$，检修水位 $B_2$，校核水位 $B_3$。

(5) 扬压力：正常水位 $A_5$，检修水位 $B_4$，校核水位 $B_5$。

(6) 上部流态混凝土重 $B_6$。

(7) 地基反力 $A_6$。

①计算地基反力时，应考虑不平衡剪力。

②地基反力，当底板刚度较小（$\beta L > 3$）时，按三角形分布；当底板刚度较大（$\beta L < 1$）时，按均匀分布；当底板刚度中等（$1 \leqslant \beta L \leqslant 3$）时，地基反力呈曲线分布。

当地基反力假定按三角形分布时，反力按下式计算：

反力荷载作用宽度：　　$a_0 = 1.5/\beta$

反力最大应力值：　　$\dot{q} = V/2a_0$

$$\beta = \left(\frac{kb}{4E_n I}\right)^{\frac{1}{4}}$$

式中　$\beta$——计算宽度系数；

$V$——计算宽度内基础反力的合力；

$b$——底板计算宽度；

$k$——基岩弹性抗力系数；

$E_n$——混凝土弹性模量；

$I$——底板截面惯性矩；

$L$——底板跨度。

(8) 温度影响力 $B_7$。

### 4.2.2　荷载组合

#### 4.2.2.1　基本组合

正常运行　　$A_1 + A_2 + A_3 + A_4 + A_5 + A_6$

外水压力取否与厂房止水形式和分缝位置有关。

4.2.2.2 特殊组合

检修期 $A_1+A_2+B_2+B_4+A_6$

校核水位运用 $A_1+A_2+B_1+(B_3)+B_5+A_6$

施工期 $A_1+A_2+B_6+A_6+B_7$

### 4.3 内力计算

4.3.1 平面框架

(1)一般框架计算公式可参见《建筑结构静力计算手册》中有关表格和公式。

(2)考虑剪切变形和刚性节点的框架内力分析按《水电站厂房设计规范》(SL 266—2014)附录四有关公式和表格计算。

4.3.2 深梁

深梁内力计算可参见华东水利学院编的《水工钢筋混凝土结构》附录有关图表。

4.3.3 弹性地基上梁和框架

弹性地基上梁和框架内力分析可见潘家铮《弹性地基上的梁和框架》及其有关附录图表。

4.3.4 分离式底板

分离式底板内力和锚筋计算可参见《水电站厂房设计规范》(SL 266—2014)附录五。

### 4.4 配筋计算

(1)尾水管应进行强度计算和裂缝宽度验算。

(2)按框架计算内力时,其顶板按受弯构件或偏心受拉构件配筋,边墩按偏心受压构件配筋。

配筋计算参见《水工混凝土结构设计规范》(SL 191—2008)有关公式。

(3)若采用有限元法或深梁计算内力,可按拉应力图形配筋。

应力配筋可按《水工混凝土结构设计规范》(SL 191—2008)附录四计算方法。

(4)计算最大裂缝宽度不得超过0.15 mm。

## 5 构造要求

(1)尾水管混凝土强度等级不得低于C15(28 d龄期),抗渗标号$S_8$,过流表面抗冲耐磨混凝土强度等级不宜低于C25(28 d龄期)。

(2)在尾水管中墩上游端宜采用金属衬护。锥管段或弯管段里衬按厂家提供资料埋设。

(3)采用合理的分层分块形式,如设封闭块或预留宽缝等措施,以减小混凝土温度应力和干缩应力。

(4)混凝土施工缝的处理要满足有关规程规范的要求。如垂直缝宜用错缝,避免上下层贯通直缝;避免锐角和薄片;迎水面设止水;缝面要作处理,凿毛、设键槽,加并缝钢筋;必要时并缝灌浆;夏季浇筑混凝土应采用浊控措施降低入仓温度。

(5)按构造配筋时,最小配筋率不宜小于万分之五,或$\phi16\sim\phi20$,钢筋间距20~25 cm。

(6)扩散段顺水流方向钢筋直径不宜小于垂直于水流方向主筋直径的1/3。弯管段顺水流方向钢筋直径一般应与垂直方向钢筋直径相同。

(7)在转角或应力突变的位置应配置加强筋,加强筋直径间距与径向钢筋相同。

## 6 观测设计

观测设计可根据需要设置。

## 7 应提供的设计成果

### 7.1 报告及计算书

(1)设计报告。

(2)尾水管内力和配筋计算书。

(3)专题报告(必要时)。

### 7.2 图纸

(1)尾水管单线图。

(2)尾水管分层分块图。

(3)尾水管钢筋图。

### 7.3 工程量汇总表

应提供工程量汇总表。

# 项目4 地基基础施工

## 任务1 基础开挖施工

【任务目标】 熟悉基础开挖的方法、施工降水方法、施工排水方法。
【任务主题】 基础开挖施工相关施工工艺。
【任务要求】 掌握常规施工降水、排水方法。
【执行计划】 教师提供必要的咨询,引导学生进行设计基础资料认知;引入工程实际项目组织学生进行自主学习;明确工作内容、工作目标,下达工作任务;讲解设计基础开挖中边坡稳定、施工降水、排水基本施工工艺。
【学习评价】 教师针对学生提交的任务成果进行现场评价,从学生课堂的学习准备、主动质疑、主动释疑、学习态度进行学习评价;从学生工作任务的咨询能力、计划能力、实施能力进行任务过程评价;从学生成果展示的语言表达、工作思路、专业术语、汇报内容、亮点展示进行任务成果评价;从学生解决问题的依据、途径、方法、逻辑进行技术答辩评价,进而对任务成果质量进行综合评价。

各种类型的水工建筑物对地基基础的基本要求如下:

(1)具有足够的强度,能够承担上部结构传递的应力。

(2)具有足够的整体性和均一性,能够防止基础的滑动和不均匀沉陷。

(3)具有足够的抗渗性,以免发生严重的渗漏和渗透破坏。

(4)具有足够的耐久性,以防在地下水长期作用下发生侵蚀破坏。

开挖处理是将不合要求的覆盖层、风化破碎带及有缺陷的岩层挖掉。

开挖处理应注意的问题如下:

(1)及时排除基坑渗水、积水和地表水,确保开挖工作在不受水的干扰下进行。

(2)合理安排开挖程序,保证施工安全。

(3)通盘规划运输线路,组织好出渣运输工作。

(4)正确选择开挖方法,保证坝基开挖的质量。

(5)合理组织弃渣的堆放,充分利用开挖的土石方。

### 1 土方开挖

#### 1.1 土方施工准备工作

(1)踏勘现场。

(2)熟悉图纸、编制施工方案。

(3)清除现场障碍物,平整施工场地,进行地下墓探,设置排水、降水设施。

(4)永久性控制坐标和水准点的引测,建立测量控制网,设置方格网、控制桩等。

(5)搭设临时设施、修筑施工道路。

(6)施工机具、用料准备。

### 1.2 边坡开挖

场地边坡开挖应采取沿等高线自上而下、分层、分段依次进行。在边坡上采取多台阶同时进行开挖时,上台阶应比下台阶开挖进深不少于 30 m,以防塌方;边坡台阶开挖,应作成一定坡势以利泄水。边坡下部设有护脚矮墙及排水沟时,在边坡修完后,应立即进行护脚矮墙和排水沟的砌筑和疏通,以保证坡面不被冲刷和坡脚范围内不积水。

### 1.3 基坑(槽)

(1)基坑开挖,上部应有排水措施,防止地表水流入坑内冲刷边坡,造成塌方和破坏基土。

(2)基坑开挖,应进行测量定位、抄平放线,定出开挖宽度,根据土质和水文情况确定在四侧或两侧、直立或放坡开挖,坑底宽度应注意预留施工操作面。

(3)应根据开挖深度、土体类别及工程性质等综合因素确定保持土壁稳定的方法和措施。

(4)基坑开挖的一般程序:测量放线→切线分层开挖→排降水→修坡→整平→留足预留土层等。相邻基坑开挖时应遵循先深后浅或同时进行的施工程序,挖土应自上而下水平分段分层进行,边挖边检查坑底宽度及坡度,每 3 m 左右修一次坡,至设计标高再统一进行一次修坡清底。

(5)基坑开挖应防止对基础持力层的扰动。基坑挖好后不能立即进入下道工序时,应预留 15(人工)~30 cm(机械)一层土不挖,待下道工序开始前再挖至设计标高,以防止持力层土壤被阳光暴晒或雨水浸泡。

(6)在地下水位以下挖土,应在基坑内设置排水沟、集水井或其他施工降水措施,降水工作应持续到基础施工完成。

(7)雨季施工时基坑槽应分段开挖,挖好一段浇筑一段垫层。

(8)弃土应及时运出,在基坑槽边缘上侧临时堆土、材料或移动施工机械时,应与基坑上边缘保持 1 m 以上的距离,以保证坑壁或边坡的稳定。

(9)基坑挖完后,应组织业主、设计、勘察、监理四方参与的基坑验槽,并报质监站验证。符合要求后方可进入下一道工序。

## 2 土壁支护

土壁的稳定主要是由土体内摩擦阻力和黏结力来保持平衡的。一旦土体失去平衡,土体就会塌方,这不仅会造成人身安全事故、影响工期,有时还会危及附近的建(构)筑物。土壁支护示意见图 4-1。

造成土壁塌方的原因如下:

(1)边坡过陡。

(2)雨水、地下水渗入基坑。

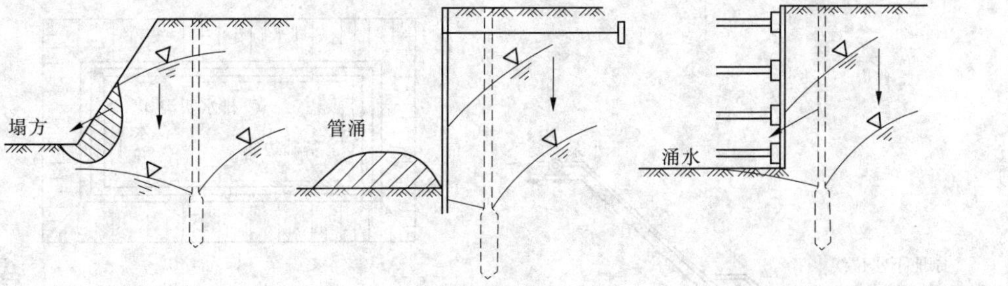


(a)防止塌方 (b)防止管涌 (c)防止涌水

图4-1 土壁支护示意图

(3)基坑上口边缘堆载过大。

(4)土方开挖顺序、方法未遵循“从上至下、分层开挖,开槽支撑、先撑后挖”的原则。

## 3 施工排水

基坑开挖时,流入坑内的地下水和地表水如不及时排除,会使施工条件恶化、造成土壁塌方,亦会降低地基的承载力。

施工排水可分为明排水法和基坑排水两种。

### 3.1 明排水法

明排水法一般采用截、疏、抽的方法。

截:在现场周围设临时或永久性排水沟、防洪沟或挡水堤,以拦截雨水、潜水流入施工区域。

疏:在施工范围内设置纵横排水沟,疏通、排干场内地表积水。

抽:在低洼地段设置集水、排水设施,然后用抽水机抽走。

#### 3.1.1 明沟与集水井排水

在基坑的一侧或四周设置排水明沟,在四角或每隔20~30 m设一集水井,排水沟始终比开挖面低0.4~0.5 m,集水井比排水沟低0.5~1 m,在集水井内设水泵将水抽排出基坑。

#### 3.1.2 分层明沟排水

当基坑开挖土层由多种土层组成,中部夹有透水性强的砂类土时,为防止上层地下水冲刷基坑下部边坡,宜在基坑边坡上分层设置明沟及相应的集水井,如图4-2(a)所示。

#### 3.1.3 深层明沟排水

当地下基坑相连,土层渗水量和排水面积大时,为减少大量设置排水沟的复杂性,可在基坑内的深基础或合适部位设置一条纵、长、深的主沟,其余部位设置边沟或支沟与主沟连通,通过基础部位用碎石或砂子作盲沟,如图4-2(b)所示。

### 3.2 基坑排水

在地下水位以下的含水丰富的土层中开挖大面积基坑时,明沟排水法难以排干大量的地下涌水,当遇粉细砂层时,还会出现严重的翻浆、冒泥、涌砂现象,不仅使基坑无法挖深,还可能造成大量水土流失、边坡失稳、附近地面塌陷,严重者危及邻近建筑物的安全。

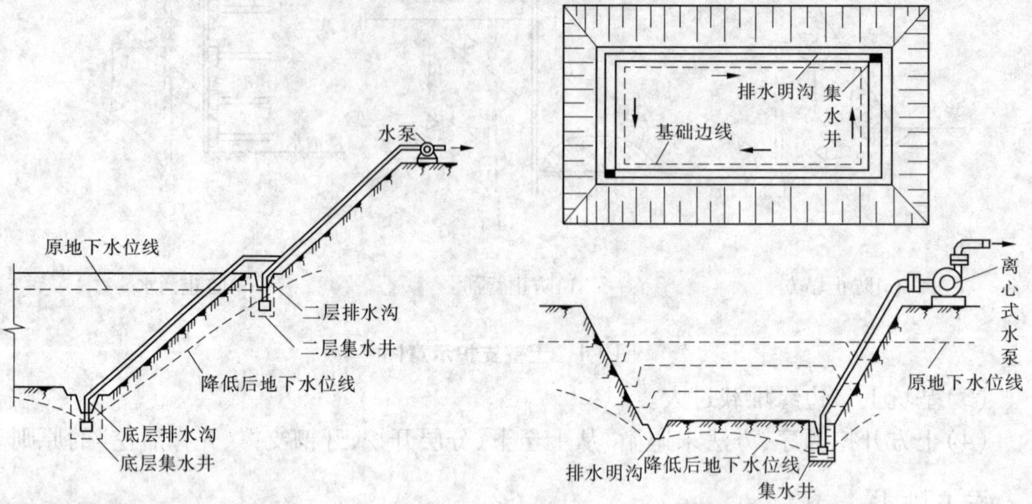


(a)分层明沟排水　　(b)深层明沟排水

**图 4-2　明沟排水示意图**

遇有此种情况时应采用井点降水的人工降水方法施工，如图 4-3 所示。

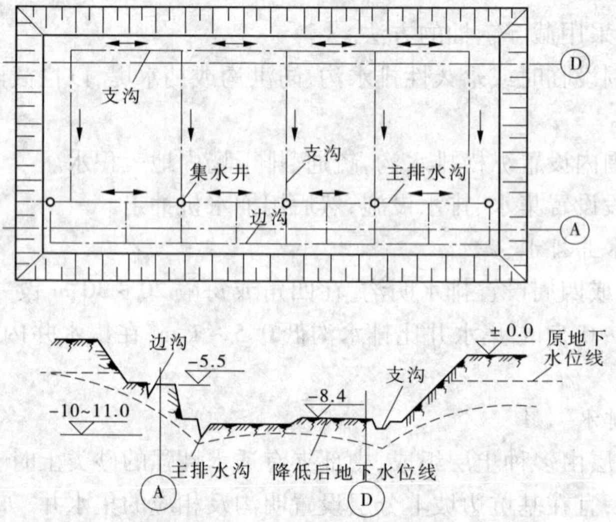


**图 4-3　井点降水示意图**

### 3.2.1　基坑排水的分类

基坑排水工作按排水时间及性质，一般可分为：①基坑开挖前的初期排水，包括基坑积水排除过程中围堰及基坑的渗水和降水的排除；②基坑开挖及建筑物施工过程中的经常性排水，包括围堰和基坑的渗水、降水、地基岩石冲洗及混凝土养护用废水的排除等。

### 3.2.2　初期排水

围堰合龙闭气后，基坑内的积水应立即排除。排水时基坑内外产生水位差，将同时引起通过围堰和基坑的渗水。初期排水流量一般可根据地质情况、工程等级、工期长短及施工条件等因素,参考实际工程的经验,按下式确定:

$$Q = \frac{(2 \sim 3)V}{T} \tag{4-1}$$

式中 $Q$——初期排水流量,$m^3/s$;

$V$——基坑的积水体积,$m^3$;

$T$——初期排水的时间,s。

排水时间主要受基坑水位下降速度的限制。基坑水位允许下降速度视围堰型式、地基特性及基坑内水深而定。水位下降太快,则围堰或基坑边坡中动水压力变化过大,容易引起坍坡;下降太慢,则影响基坑开挖时间。一般下降速度限制在0.5~1.5 m/d,对土石围堰取下限,对混凝土围堰取上限。

实际工作中也常用试抽法确定排水容量,根据水位下降的速度调整设备的容量。

### 3.2.3 经常性排水

#### 3.2.3.1 排水系统的布置

排水系统的布置通常应考虑两种不同的情况:一种是基坑开挖过程中的排水系统布置;另一种是基坑开挖完成后修建建筑物时的排水系统布置。在具体布置时,最好能结合起来考虑,并使排水系统尽可能不影响施工。

(1)基坑开挖过程中的排水系统。

应以不妨碍开挖和运输工作为原则。一般常将排水干沟布置在基坑中部,以利两侧出土。随着基坑开挖工作的进展,逐渐加深排水干沟和支沟,通常保持干沟深度为1.0~1.5 m,支沟深度为0.3~0.5 m。集水井布置在建筑物轮廓线的外侧,集水井应低于干沟的沟底。

(2)修建建筑物时的排水系统。

通常都布置在基坑的四周,排水沟应布置在建筑物轮廓线的外侧,距基坑边坡坡脚不小于0.3~0.5 m,排水沟的断面和底坡,取决于排水量的大小。一般排水沟底宽不小于0.3 m,沟深不大于1.0 m,底坡不小于0.002。在密实土层中,排水沟可以不用支撑,但在松土层中,则需木板支撑。

水经排水沟流入集水井,在井边设置水泵站,将水从集水井中抽出。

#### 3.2.3.2 排水量的估算

排水量可按抽水时段内最大日降雨量在当天抽干计算。由于地基岩石冲洗用水不多,可以忽略不计,混凝土养护用水,可近似地以每立方混凝土每次用水5 L、每天养护8次计算,但降水和施工用水不得叠加。

### 3.2.4 人工降低地下水位

在经常性排水过程中,为保证基坑开挖工作始终在干地进行,常常要多次降低排水沟和集水井的高程,变换水泵站的位置,影响开挖工作的正常进行。此外,在开挖细砂土、砂壤土一类地基时,随着基坑底面的下降,坑底与地下水高差越来越大,在地下水渗透压力作用下,容易产生边坡坍塌、坑底隆起等事故,给开挖带来不利影响。采用人工降低地下水位就可避免上述问题的发生。

人工降低地下水位的方法按排水工作原理来分有管井法和井点法两种。

3.2.4.1 管井法降低地下水位

管井法降低地下水位时,在基坑周围布置一系列管井,管井中放入水泵的吸水管,地下水在重力作用下流入井中,被水泵抽走。

管井法降低地下水位时,需先设管井,管井通常由下沉钢井管组成,在缺乏钢管时也可用预制混凝土管代替。

管井的下部安装水管节(滤头),有时在井管外还需设置反滤层,地下水从滤水管进入井管中,水中的泥沙则沉淀在管中。

管井法通常用射水法下沉,当土层中夹有硬黏土、岩石时,需配合钻机钻孔。射水下沉时,先用高压水冲土,下沉套管,较深时可配合振动或锤击,然后在套管中插入井管,最后在套管与井管的间隙中间填反滤层和拔套管。

管井中可应用各种抽水设备,但主要是离心式水泵、深井水泵或潜水泵。

3.2.4.2 井点法降低地下水位

井点法与管井法不同,它把井管和水泵的吸水管合二为一,简化了井的构造,便于施工。

井点法降低地下水位的设备,根据其降深能力分轻型井点(浅井点)、深井点和电渗井点等。

(1)轻型井点。

轻型井点是由井管、集水总管、普通离心式水泵、真空泵和集水箱等设备组成的一个排水系统。

轻型井点的井管直径为38 ~50 mm,间距0.6 ~1.8 m,最大可达3.0 m。地下水从井管下端的滤水管借真空泵和水泵的作用流入管内,沿井管上升汇入集水总管,经集水箱,由水泵抽出。

井点系统排水时,地下水位的下降深度,取决于集水箱的真空度与管路的漏气和水头损失。一般集水箱内真空度为53 ~80 kPa(400 ~600 mmHg),相应的吸水高度为5 ~8 m,扣去各种损失后,地下水位的下降深度为4 ~5 m。当要求地下水位降低的深度超过4 ~5 m时,可以像井管一样分层布置井点,每层控制在3 ~4 m,但以不超过3层为宜。

(2)深井点。

深井点与轻型井点不同,它的每一根井管上都装有扬水器(水力扬水器或压气扬水器),因此它不受吸水高度的限制,有较大的降深能力。深井点有喷射井点和压气扬水井点两种。

①喷射井点。

喷射井点由集水池、高压水泵、输水干管和喷射井管等组成。喷射井点排水的过程是:扬程为$6\times10^5$ ~$10^6$ Pa(6 ~10 个大气压)的高压水泵将高压水压入内管与外管间的环形空间,经进水孔由喷嘴以10 ~50 m/s 的高速喷出,由此产生负压,使地下水经滤管吸入内管,在混合室中与高速的工作水混合,经喉管和扩散管以后,流速水头转变为压力水头,将水压到地面的集水池中。

高压水泵从集水池中抽水作为工作水,而池中多余的水则任其流走或用低压水泵抽走。通常一台高压水泵能为30～35个井点服务,其最适宜的降低水位范围为5～18 m。喷射井点的排水效率不高,一般用于渗透系数为3～50 m/d、渗流量不大的场合。

②压气扬水井点。

压气扬水井点是用压气扬水器进行排水。排水时压缩空气由输气管送来,由喷气装置进入扬水管,于是,管内容重较轻的水气混合液,在管外压力的作用下,沿扬水管上升到地面排走。为了达到一定的扬水高度,就必须将扬水管沉入井中足够的潜没深度,使扬水管内外有足够的压力差。

(3)电渗井点。

在渗透系数小于0.1 m/d的黏土或淤泥中降低地下水位时,比较有效的方法是电渗井点排水。

电渗井点排水时,沿基坑四周布置两列正负电极。正极通常用金属管做,负极就是井点的排水井,在土中通过电流以后,地下水从金属管(正极)向井点(负极)移动集中,然后由井点系统的水泵抽走。电流由支流发电机提供。

# 任务2 开挖施工

【任务目标】 熟悉水利工程常见开挖机械设备、特点、开挖方式、适用条件。

【任务主题】 开挖机械。

【任务要求】 开挖设备匹配计算。

【执行计划】 教师提供必要的咨询,引导学生进行制图规范学习;引入工程实际案例分析,选取甲级设计院设计成果组织学生进行讨论和自我总结;明确工作内容、工作目标,下达工作任务;进行设计图纸描图。

【学习评价】 教师针对学生提交的任务成果进行现场评价,从学生课堂的学习准备、主动质疑、主动释疑、学习态度进行学习评价;从学生工作任务的咨询能力、计划能力、实施能力进行任务过程评价;从学生成果展示的绘图规范、绘图效果进行任务成果评价;从学生解决问题的依据、途径、方法、逻辑进行技术答辩评价,进而对任务成果质量进行综合评价。

土方开挖常用的方法有人工法和机械法。一般采用机械法施工。用于土方开挖的机械有单斗挖掘机、多斗挖掘机、铲运机械及水力开挖机械。

## 1 单斗挖掘机

单斗挖掘机是仅有一个铲土斗的挖掘机械,如图4-4所示。它由行走装置、动力装置和工作装置三部分组成。行走装置分为履带式、轮胎式和步行式三类。履带式是最常用的一种,它对地面的单位压力小,可在各种地面上行驶,转移速度慢;动力装置分为电动和内燃机驱动两种,电动为常用型式,效率高,操作方便,但需要电源;工作装置由铲土斗、斗柄、推压和提升装置组成。单斗挖掘机按铲土方向和铲土原理分为正向铲、反向铲、拉铲和抓铲四种类型,如图4-4所示,用钢索或液压操纵。钢索操纵用于大中型正向铲,液压操纵用于小型正铲和反铲较多。

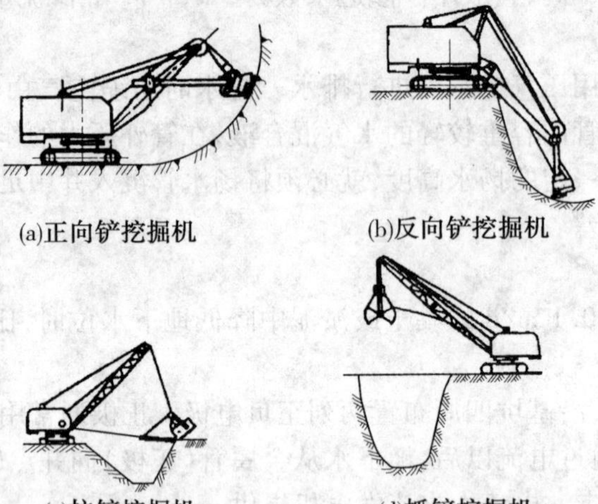

(a)正向铲挖掘机　(b)反向铲挖掘机

(c)拉铲挖掘机　(d)抓铲挖掘机

图 4-4　单斗挖掘机

## 1.1　正向铲挖掘机

正向铲挖掘机由推压和提升完成挖掘，开挖断面是弧形，最适于挖停机面以上的土方，也能挖停机面以下的浅层土方。由于稳定性好，铲土能力大，可以挖各种土料及软岩、岩渣进行装车。它的特点是循环式开挖，由挖掘、回转、卸土、返回构成一个工作循环，生产率的大小取决于铲斗大小和循环时间长短。正铲的斗容从 0.5 $m^3$ 至几十立方米，工程中常用 1 ~4 $m^3$。基坑土方开挖常采用正面开挖，土料场及渠道土方开挖常用侧面开挖，还要考虑与运输工具的配合问题。挖掘机工作尺寸见图 4-5，常用挖掘机性能见表 4-1。

$A$—停机面以下挖掘深度；$R_{平}$—停机面以上最大挖掘半径；$R_{小}$—停机面以上最小挖掘半径；
$R_{大}$—最大挖掘半径；$H$—最大挖掘半径时的挖掘高度；$R$—最大挖掘高度时的挖掘半径；
$H_{大}$—最大挖掘高度；$r_{大}$—最大卸土半径；$h$—最大卸土半径时的卸土高度；
$r$—最大卸土高度时的卸土半径；$h_{大}$—最大卸土高度

图 4-5　正向铲挖掘机工作尺寸

表 4-1 正向铲挖掘机工作性能

| 项目 | WD－50 | WD－100 | WD－200 | WD－300 | WD－400 | WD－1000 |
|---|---|---|---|---|---|---|
| 铲斗容量($m^3$) | 0.5 | 1.0 | 2.0 | 3.0 | 4.0 | 10.0 |
| 动臂长度(m) | 5.5 | 6.8 | 9.0 | 10.5 | 10.5 | 13.0 |
| 动臂倾角(°) | 60.0 | 60.0 | 50.0 | 45.0 | 45.0 | 45.0 |
| 最大挖掘半径(m) | 7.2 | 9.0 | 11.6 | 14.0 | 14.4 | 18.9 |
| 最大挖掘高度(m) | 7.9 | 9.0 | 9.5 | 7.4 | 10.1 | 13.6 |
| 最大卸土半径(m) | 6.5 | 8.0 | 10.1 | 12.7 | 12.7 | 16.4 |
| 最大卸土高度(m) | 5.6 | 6.8 | 6.0 | 6.6 | 6.3 | 8.5 |
| 最大卸土半径时的卸土高度(m) | 3.0 | 3.7 | 3.5 | 4.9 | | 5.8 |
| 最大卸土高度时的卸土半径(m) | 5.1 | 7.0 | 8.7 | 12.4 | | 15.7 |
| 工作循环时间(s) | 28.0 | 25.0 | 24.0 | 22.0 | 23.0～25.0 | |
| 卸土回转角度(°) | 100 | 120 | 90 | 100 | 100 | |

### 1.2 反向铲挖掘机

反向铲挖掘机能用来开挖停机面以下的土料，挖土时由远而近，就地卸土或装车，适用于中小型沟渠、清基、清淤等工作。由于稳定性及铲土能力均比正向铲挖掘机差，只用来挖Ⅰ～Ⅱ级土，硬土要先进行预松。反铲的斗容有 0.5 $m^3$、1.0 $m^3$、1.6 $m^3$ 几种，目前最大斗容已超过 3 $m^3$。在沟槽开挖中，在沟端站立倒退开挖，当沟槽较宽时，采用沟侧站立，侧向开挖。

### 1.3 拉铲挖掘机

拉铲挖掘机的铲斗用钢索控制，利用臂杆回转将铲斗抛至较远距离，回拉牵引索，靠铲斗自重下切铲土装满铲斗，然后回转装车或卸土。挖掘半径、卸土半径、卸土高度较大，最适用于水下土砂及含水量大的土方开挖，在大型渠道、基坑及水下砂卵石开挖中应用广泛。开挖方式有沟端开挖和沟侧开挖两种，当开挖宽度和卸土半径较小时，用沟端开挖；当开挖宽度大、卸土距离远时，用沟侧开挖。

### 1.4 抓铲挖掘机

抓铲挖掘机靠铲斗自由下落中斗瓣分开切入土中，抓取土料合瓣后提升，回转卸土。它适用于挖掘窄深型基坑或沉井中的水下淤泥开挖，也可用于散粒材料装卸，在桥墩等柱坑开挖中应用较多。

### 1.5 单斗挖掘机生产率

单斗挖掘机实用生产率可按下式计算：

$$P = 60nqK_1K_2K_3K_4/K_5 \quad (m^3/h) \tag{4-2}$$

$$K_4 = 1/(0.4\alpha + 0.6\beta)$$

式中 $n$——设计每分钟循环次数；

$q$——铲斗容量，$m^3$；

$K_1$——铲斗充盈系数,正向铲取1;

$K_2$——卸土延误系数,卸土堆为1.0,卸车为0.9;

$K_3$——时间利用系数,取0.8~0.9;

$K_4$——工作循环时间修正系数;

$K_5$——土壤可松性系数;

$\alpha$——土壤级别修正系数,取1.0~1.2;

$\beta$——转角修正系数,转角90°时取1.0,100°~135°时取1.08~1.37。

挖掘机是土方机械化施工的主导机械,为提高生产率,应采取加长斗齿,减小切土阻力;合并一个工作循环各个施工过程,小角度装车或卸土,采用大铲斗;合理布置工作面和运输道路;加强机械保养和维修,维持良好性能等措施。

## 2 多斗挖掘机

多斗挖掘机即用多个铲斗连续挖掘、运送和卸料的挖掘机械。其特点是连续作业、生产率高、单位能耗较小,适于挖掘硬度较低、不含大石块的土壤。多斗挖掘机分链斗式、轮斗式和斗轮式,如图4-6所示。

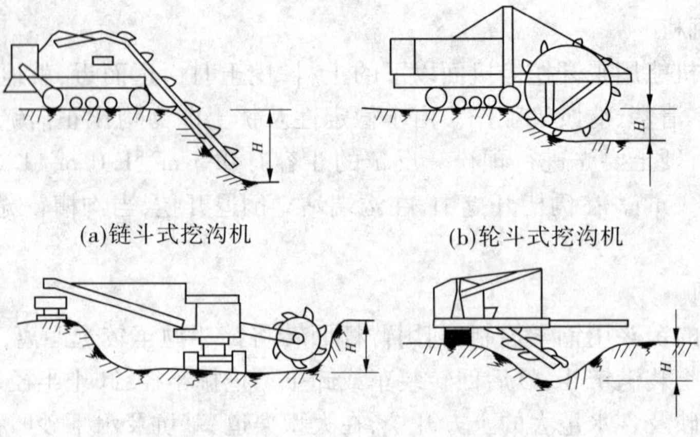


(a)链斗式挖沟机　(b)轮斗式挖沟机

(c)斗轮式挖掘机　(d)横向挖掘链斗式挖掘机

$H$—挖掘深度

**图4-6 多斗挖掘机工作示意图**

### 2.1 多斗挖掘机主要技术参数

多斗挖掘机主要技术参数是铲斗宽度、挖掘深(高)度和小时生产率。环轮挖掘机的最大挖掘深度一般不大于2.5 m。链斗式挖沟机的最大挖掘深度一般不大于3.5 m。挖掘的沟底宽度一般小于1.2 m。

### 2.2 结构和工作原理

多斗挖掘机一般由五个部分组成。

(1)动力装置:链斗式挖掘机和环轮挖掘机都用柴油机或柴油发电机组,斗轮式挖掘机用柴油发电机组或外电源变流机组,横向挖掘链斗式挖掘机用柴油机、电动机、柴油发电机组或外电源变流机组。

(2)传动装置:除某些斗轮式挖掘机用外,其他均为传动装置。

(3)行走装置:中、小型多斗挖掘机一般采用轮胎式和履带式,大型的采用多履带式和轨行式。大型斗轮式挖掘机还采用步行式行走装置。

(4)输送装置:包括料斗和输送带。

(5)工作装置:包括铲斗和支承铲斗的构件。

链斗式挖掘机的工作装置由铲斗、链条和斗架等组成。铲斗装在链条上,链条绕过支承在铲斗架上的主、从动链轮首尾相连,形成闭合环路。横向挖掘式的斗架一端铰接在车架上,另一端用钢丝绳悬吊。纵向挖掘式的斗架一端与机架相连,另一端为悬臂。用升降机构改变斗架位置,可以改变挖掘深(高)度。作业时链条连续运转,机器不断行走,以保证每一个铲斗不重复前一铲斗的轨迹而不断得到新的挖掘作业面。当装满料的铲斗随链条绕过主动链轮时,铲斗开口向下,物料卸到输送带上,再由输送带卸至沟边或转运到卸料场。

铲运机械:能综合完成挖土、运土、卸土、填筑、整平的机械。按行走机构的不同可分为拖式铲运机和自行式铲运机。按铲运机的操作系统的不同,又可分为液压式铲运机和索式铲运机。铲运机操作灵活,不受地形限制,不需特设道路,生产效率高。

## 任务3 地基处理施工

**【任务目标】** 熟悉常规地基处理施工工艺、方法。

**【任务主题】** 地基处理。

**【任务要求】** 掌握地基处理施工工艺、基本方法。

**【执行计划】** 教师提供必要的咨询,引导学生进行制图规范学习;引入工程实际案例分析,选取甲级设计院设计成果组织学生进行讨论,学生自我总结基本制图要求;明确工作内容、工作目标,下达工作任务;进行设计图纸描图。

**【学习评价】** 教师针对学生提交的任务成果进行现场评价,从学生课堂的学习准备、主动质疑、主动释疑、学习态度进行学习评价;从学生工作任务的咨询能力、计划能力、实施能力进行任务过程评价;从学生成果展示的绘图规范、绘图效果进行任务成果评价;从学生解决问题的依据、途径、方法、逻辑进行技术答辩评价,进而对任务成果质量进行综合评价。

### 1 岩基灌浆

岩基灌浆是提高岩基强度、加强岩基整体性和抗渗性的有效措施。岩基灌浆处理是将某种具有流动性和胶凝性的浆液,按一定的配比要求,通过钻孔用灌浆设备压入岩层的空隙中,经过硬化胶结以后,形成结石,以达到改善基岩物理力学性能的目的。

#### 1.1 灌浆分法分类

岩基灌浆按目的不同,有固结灌浆、帷幕灌浆和接触灌浆。岩基灌浆按灌注材料不同,主要有水泥灌浆、水泥黏土灌浆和化学灌浆。

## 1.2　灌浆施工的主要问题

### 1.2.1　钻孔

钻孔方向和钻孔深度是保证帷幕灌浆质量的关键。

### 1.2.2　冲洗

钻孔以后,要将残存在孔底和黏滞在底孔壁的岩粉铁末冲出孔外,并将岩层裂隙和孔中的填充物冲洗干净。

冲洗工作通常分为钻孔冲洗和岩层裂隙冲洗。

冲洗方法有高压水冲洗、高压脉动冲洗和扬水冲洗等。

### 1.2.3　压水试验

压水试验是在一定的压力之下,通过钻孔将水压入到孔壁四周的缝隙中,根据压水量和压水的时间,计算出代表岩层渗透特性的技术参数。

(1)代表岩层的渗透特性的参数——单位吸水量 $\omega$,就是在单位时间内,通过单位长度试验孔段,在单位水头作用下所压入的水量。可按下式计算

$$\omega = Q/(LH) \tag{4-3}$$

式中　$Q$——单位时间内试验孔段的注水总量,L/min;

$H$——压水试验的计算水头,m;

$L$——压水试验试验孔段的长度,m;

$\omega$——单位吸水量,L/(min · m · m)。

(2)压水试验的主要目的是确定地层的渗透特性,为岩基处理的设计和施工提供技术资料。

### 1.2.4　灌浆

为确保岩基灌浆的质量,应注意以下问题:

(1)钻孔灌浆次序。地基灌浆一般按照先固结后帷幕的顺序。

(2)灌浆方法。按照灌浆时浆液灌注和流动的特点,灌浆方法有纯压式和循环式两种。按照钻孔灌浆的顺序,有全孔一次灌浆和分段灌浆两种。

(3)灌浆压力。灌浆压力通常是指作用在灌浆段中部的压力,灌浆压力是控制灌浆质量的一个主要指标。由下式来确定

$$P = P_1 + P_2 \pm P_3 \tag{4-4}$$

式中　$P$——灌浆压力,Pa;

$P_1$——灌浆管路中压力表的指示压力,Pa;

$P_2$——计入地下水水位影响以后的浆液自重压力,按最大的浆液比重进行计算,Pa;

$P_3$——浆液在管路中流动时的压力损失,Pa。

确定灌浆压力的原则是在不致破坏基础和坝体的前提下,尽可能采用较高的压力。高压灌浆可以使浆液更好地压入缩小缝隙内,增大浆液扩散半径,析出多余的水分,提高灌注材料的密实度。当然灌浆也不能过高,以致使裂隙扩大,引起岩层或坝体的抬高变形。

(4)灌浆压力和浆液稠度的控制。

提高灌浆质量的重要因素:合理的灌浆压力和浆液稠度。灌浆压力的控制基本上有两种方法:一次升压法和分次生压法。

(5)灌浆的结束条件和封孔。

灌浆的结束条件有两个控制指标:残余吸浆量,又称最终吸浆量,即灌到最后的限定吸浆量;吸浆时间,即在残余吸浆量的条件下保持设计规定压力的延续时间。

(6)灌浆的质量检查。

1.2.5 化学灌浆

化学灌浆是将有机高分子材料配制成的浆液灌入地基或建筑物的裂隙中,经胶结固化以后,达到防渗、堵漏、补强、加固的目的。

## 2 岩基锚固

岩基锚固是用预应力锚束对岩基施加主动预应力的一种锚固技术,常和建筑物的加固结合起来,以期加固或改善其受力条件。

锚固的结构型式很多,但都由锚孔、锚束两部分组成,其中锚束又由锚头、锚束自由段和锚固段构成。

## 3 砂砾石地基的可灌性

砂砾石地基的可灌性是指砂砾石地层能否接受灌浆材料灌入的一种特性。它是决定灌浆效果的先决条件。

### 3.1 可灌性决定因素

可灌性决定因素主要取决于地层的颗粒级配、灌浆材料的细度、灌浆压力和灌浆工艺等因素。

### 3.2 可灌性衡量参数

在工程实践中,常以可灌比来进行衡量。

$$M = D_{15}/d_{85} \tag{4-5}$$

式中 $M$——可灌比;

$D_{15}$——砂砾石地层颗粒级配曲线上含量为15%的粒径,mm;

$d_{85}$——灌浆材料颗粒级配曲线上含量为85%的粒径,mm。

### 3.3 灌浆

3.3.1 灌浆材料

岩基灌浆多用水泥浆,而砂砾石地基灌浆,以采用水泥黏土浆为好。

3.3.2 灌浆方法

砂砾石地层的钻孔灌浆方法有打管灌浆、套管灌浆、循环钻灌、预埋花管灌浆等。

## 4 防渗墙

防渗墙是修建在挡水建筑物和透水地层中防止渗透的地下连续墙,它的实际应用远远超过了防渗的范围,除用来控制闸坝基础的渗流外,还用于坝体的防渗加固、泄水建筑物下游基础的防冲、水工建筑物基础的承重、地下水库的修筑等。

### 4.1 防渗墙的基本型式

防渗墙的基本型式是槽孔型,它是由一段段槽孔套接而成的地下墙,先施工的槽孔称一期槽孔,后施工的称二期槽孔。

### 4.2 防渗墙施工过程中应注意的问题

#### 4.2.1 造孔准备

(1)必须根据防渗墙的设计要求和槽孔长度的划分,做好槽孔的测量定位工作,并在此基础上,设置导向槽。

(2)导向槽安置好后,在槽侧铺设造孔钻机的轨道,安装钻机,修筑运输道路,架设动力和照明线路以及供水供浆管道,做好排水、排浆系统。

(3)向槽内充满泥浆,保持泥浆面在槽顶以下 30 ~ 50 cm。

#### 4.2.2 泥浆和泥浆系统

为了确保防渗墙的施工质量,在造孔成墙的过程中必须维持槽孔孔壁的稳定。工程中常用泥浆固壁来解决这个问题,泥浆除固壁作用外,在造孔过程中,尚有悬浮岩屑和冷却润滑钻头的作用;成墙以后,渗入孔壁的泥浆和胶结在孔壁的泥皮还有防渗作用。

#### 4.2.3 造孔

(1)用钻挖机械开挖槽孔,修筑混凝土或黏土防渗墙。

(2)用一般土方机械挖槽,修筑泥浆槽级配料防渗墙。

(3)振动沉桩成槽,修筑板桩灌注防渗墙。

#### 4.2.4 混凝土浇筑

黏土混凝土防渗墙的混凝土浇筑和一般的混凝土浇筑不同,是在泥浆液面下进行的。造孔以后、浇筑以前,要做好终孔验收和清孔换浆工作。泥浆下浇筑混凝土常用直升导管法。

## 5 振冲加固

振冲加固是利用机械振动和水力冲射加固土层的一种方法,称为振动水冲法(简称振冲法)。按其加固机理,振冲法又分成:①振冲挤密,适于加固砂性土层;②振冲置换,适于加固黏性土层。在实际应用中,挤密和置换常联合使用、互相补充。

振冲加固原理与振冲挤密和振冲置换加固土层的原理不尽相同。振冲挤密加固砂层的原理是:①依靠振冲器的强力振动,使饱和砂层发生液化,砂粒重新排列,使孔隙减少而得到加密;②依靠振冲器的水平振动力,在加填料的情况下则通过填料使砂层挤压加密。

振冲置换土层,主要是通过振冲,向振冲孔中投放碎石等坚硬的粗粒料,并经振冲密实形成一根物理力学性能远优于原土层的碎石桩,桩与原土层一起构成了复合地基。

## 6 振冲挤密

振冲挤密加固地层的深度,可达 30 m 左右。一般在 10 m 以内,适用于砂性土、砂、细砾等松散地层。对于密实度较高的地层,振冲的技术经济效果将明显降低。

振冲挤密所用的填料,可用粗砂、砾石、碎石矿渣或经爆破的废混凝土等,粒径为 0.5 ~ 5 cm。

振冲孔的布置有等边三角形或矩形两种形式。在施工中注意处理好以下问题,有利于提高振冲挤密的效果:

(1)在下沉振冲器时,要适当控制造孔的速度,以保证孔周砂土有足够的振密时间,一般为1~2 m/min。

(2)要注意调节水量和水压,既要保证正常的下沉速度,又要避免大量地层土料的流失。

(3)要均匀连续投料,使土层逐渐振冲密实。

## 7　振冲置换

振冲置换适用于淤泥黏土地层。

振冲置换形成碎石所用的桩料、孔的间距和平面布置等问题和振冲挤密填料的要求相似。

# 项目5 主体结构施工

## 任务1 厂房混凝土施工

【任务目标】 熟悉水电站厂房混凝土施工基本工艺、方法,厂房下部混凝土分缝、分块要求,一期、二期混凝土浇筑。

【任务主题】 水电站厂房主体结构施工。

【任务要求】 厂房下部混凝土浇筑技术交底。

【执行计划】 教师通过三维视图构建发电厂房立体概念,讲解水电站厂房的施工过程,重点讲解混凝土施工工艺和一期、二期混凝土划分,让学生编写任务成果报告并提交,教师对成果进行评价。

【学习评价】 教师针对学生提交的任务成果进行现场评价,从学生课堂的学习准备、主动质疑、主动释疑、学习态度进行学习评价;从学生工作任务的咨询能力、计划能力、实施能力进行任务过程评价;从学生成果展示的语言表达、工作思路、专业术语、汇报内容、亮点展示进行任务成果评价;从学生解决问题的依据、途径、方法、逻辑进行技术答辩评价,进而对任务成果质量进行综合评价。

水电站厂房通常以发电机层为界,分为下部结构和上部结构。下部结构一般由大体积混凝土,包括尾水管、锥管、蜗壳等大的孔洞结构组成;上部结构一般由钢筋混凝土柱、梁、板等结构组成,如图5-1所示。

根据水电站厂房结构的特点,厂房混凝土施工重点、难点一般有以下几点:

(1)对于水电站厂房尤其是立式机组厂房体型结构复杂,模板设计要求高,过流面质量控制标准高,是厂房施工的难点部位之一。

(2)厂房机组混凝土施工部位,体型结构复杂,钢筋量大;施工空间狭窄,施工通道布置困难;混凝土、金属结构埋件、机组安装相互干扰、相互制约,在安装阶段起吊手段相互影响严重,是厂房施工的难点部位。

(3)尾水出口施工一般受水流控制影响,有效施工时段较短,是水电站厂房施工工程的难点之一。

(4)施工部位多,交叉作业,安全隐患突出。

### 1 水电站厂房下部结构施工

#### 1.1 水电站厂房下部结构的分缝分块

水电站厂房下部结构尺寸大、孔洞多,受力复杂,必须分层分块进行浇筑,如图5-2所

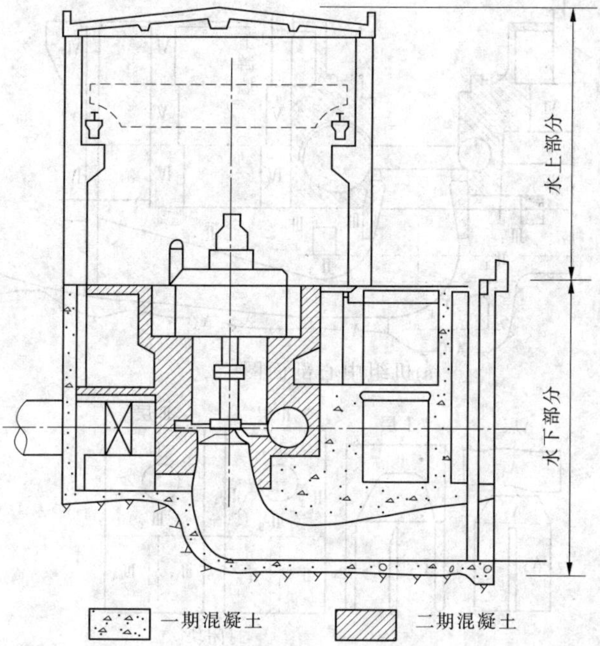


图5-1　厂房混凝土施工各部分组成

示。合理的分层分块是削减温度应力、防止或减少混凝土裂缝、保证混凝土施工质量和结构的整体性的重要措施。

厂房下部结构分层分块可采用通仓、错缝、预留宽槽、封闭块和灌浆缝等浇筑型式。

1.1.1　通仓浇筑法

通仓浇筑法施工可加快进度,有利于结构的整体性。当厂房尺寸小,又可安排在低温季节浇筑时,采用分层通仓浇筑最为有利。对于中型厂房,其顺水流方向的尺寸在25 m以下,低温季节虽不能浇筑完毕,但有一定的温控手段时,也可采用这种型式。

1.1.2　错缝浇筑法

大型水电站厂房下部结构尺寸较大,多采用错缝浇筑法。错缝搭接范围内的水平施工缝允许有一定的变形,以解除或减少两端的约束而减少块体的温度应力,见图5-3。

1.1.3　预留宽槽浇筑法

对大型厂房,为加快施工进度、减少施工干扰,可在某些部位设置宽槽。槽的宽度一般为1 m左右。由于设置宽槽,可减少约束区高度,同时增加散热面,从而减少温度应力。

对预留宽槽,回填应在低温季节施工,届时其周边老混凝土要求冷却到设计要求温度。回填混凝土应选用收缩性较小的材料。

## 1.2　水电站厂房下部结构的施工方案

1.2.1　满堂脚手架方案

满堂脚手架是在基坑中满布脚手架,用自卸汽车(机动翻斗车、斗车)和溜筒、溜槽入仓。

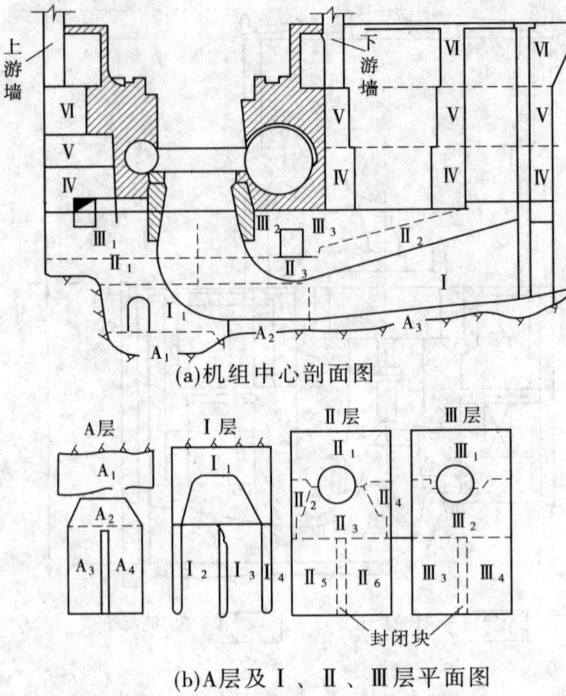


**图 5-2　厂房下部结构分层分块图**

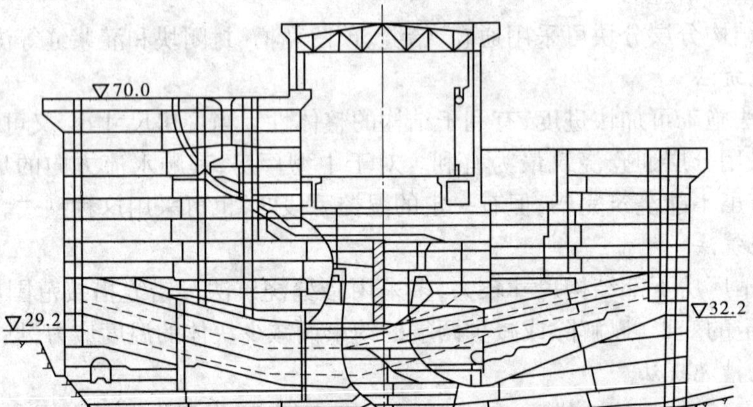


**图 5-3　某水电站厂房分层、错缝示意图**

1.2.2　活动桥方案

当厂房宽度较小、机组较多时,可采用如图 5-4 所示的活动桥浇筑混凝土。

1.2.3　门、塔机方案

大型厂房一般采用门、塔机浇筑混凝土,如图 5-5 所示。

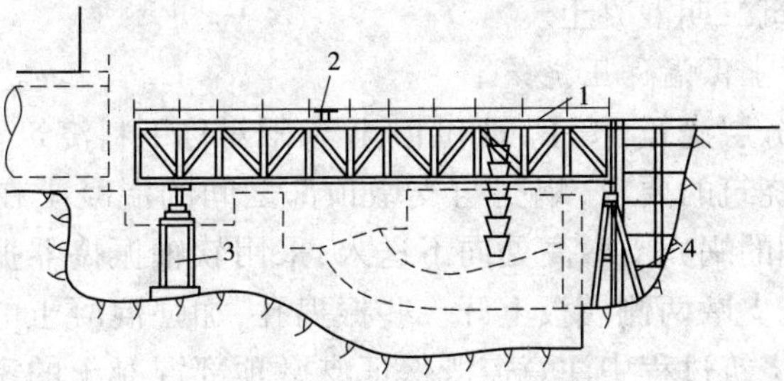


1—活动桥;2—运混凝土用小车;3—上游排架;4—下游排架

**图5-4 用活动桥浇筑厂房混凝土**

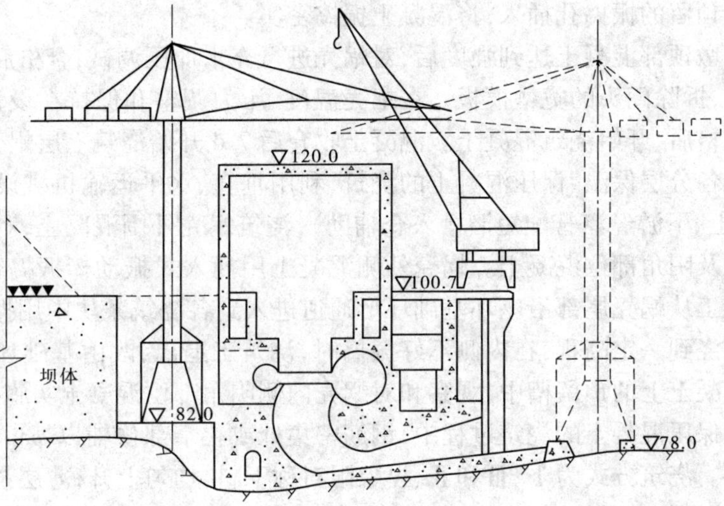


**图5-5 门、塔机施工布置** (单位:m)

## 1.3 主要部位混凝土浇筑施工

### 1.3.1 锥管段混凝土浇筑

锥管安装完成后,即可开始锥管槽的清渣,并用高压水枪处理混凝土缝面,绑扎锥管钢筋,预插座环、基础环钢筋,然后开仓浇筑锥管混凝土。

锥管混凝土用履带式布料机结合门、塔机吊卧罐入仓,用插入式振捣器振捣密实。

锥管段混凝土浇筑完成后,及时浇筑蜗壳下层第一层和座环及蜗壳支墩混凝土。蜗壳支墩和座环基础采用组合钢模板,用钢筋拉条固定。混凝土用插入式振捣器振捣,局部辅以软轴振动器振捣。

### 1.3.2 蜗壳外围混凝土浇筑及灌浆处理

对于大型发电机组,由于蜗壳尺寸较大,而外围混凝土的几何形状十分复杂,结构尺寸和体积相对较小,且预留孔洞、埋件及机电管路众多。在大的内水压力作用下,蜗壳外围混凝土结构的承载能力能否满足发电机组运行要求十分重要。常规方法采用充水保压浇筑蜗壳外围混凝土,即在蜗壳内充水保温保压浇筑二期混凝土,这种施工方法是模拟蜗壳在运行状态下浇筑二期混凝土。

1.3.2.1　蜗壳混凝土保温保压浇筑

蜗壳混凝土拟分层浇筑，按Ⅰ、Ⅲ和Ⅱ、Ⅳ象限对称下料浇筑。

根据保温保压浇筑的要求，蜗壳与支墩顶部之间的混凝土在蜗壳充水前浇筑完成。混凝土由内、外两侧的蜗壳支墩高处向下送入，采用软轴振捣器振捣，从蜗壳支墩顶部两端插入振捣，在蜗壳支墩两侧模板上开一些振捣孔，加强混凝土的振捣，确保蜗壳支墩顶部混凝土密实。在浇筑过程中注意需既保证支墩顶部混凝土的密实，又防止在混凝土浇筑过程中产生蜗壳壳体变形。

座环支墩部位混凝土采用泵管从蜗壳尾端伸入座环支墩基础，并沿环向布置，管口接软管，利用座环支墩顶部模板上的预留孔将溜管接入，从外侧送入混凝土浇筑，用软轴振捣器从模板上预留的振捣孔插入，将混凝土振捣密实。

在蜗壳支墩顶部混凝土达到强度后，对蜗壳进行充水加压调试，合格后在闷头处用组合钢模板立模，拆除闷头的宽槽模板。在蜗壳温度、压力调整和保持在设计范围之内后，验收仓位。合格后，开始浇筑混凝土。混凝土收仓后 7 d 开始浇筑上层蜗壳混凝土。

蜗壳下部各分层保温、保压混凝土的浇筑，利用垂直、水平运输机械设备对称运送混凝土入仓(或上、下游经溜管配短溜槽入仓辅助)，浇筑蜗壳外围混凝土，利用混凝土泵机浇筑蜗壳内侧及阴角部位混凝土。蜗壳外侧混凝土用插入式振动棒振捣密实，蜗壳内侧混凝土由浇筑工从蜗壳尾部沿座环基础环形通道进入到各浇筑条块中用振动棒振捣。蜗壳内侧混凝土浇到一定高程，在内侧不好振捣时，浇筑工退出，改由基础环上的预留孔和基础环支承混凝土上的预留槽中，观察和对蜗壳内侧阴角部位混凝土实施振捣。

蜗壳保温保压混凝土的浇筑过程中，钢筋密集处或狭窄部位辅以 $\phi30$ 或 $\phi50$ 软管振动器协助振捣。浇筑方式为Ⅰ、Ⅲ和Ⅱ、Ⅳ象限对称下料，均匀上升，薄层浇筑。

蜗壳二期混凝土浇筑前每仓均对旧混凝土面用高压水枪冲毛，蜗壳混凝土浇筑时严格控制入仓温度和浇筑温度，保证浇筑温度在 20 ℃以下，浇筑完毕后应及时洒水养护，24 h 后流水养护。

蜗壳混凝土浇筑完成，并进行蜗壳底部灌浆，经检验合格后，将蜗壳中的水放掉。拆出闷头，将压力管道钢衬和蜗壳连接好，恢复和绑扎闷头预留槽内的钢筋，并对预留槽回填混凝土。

1.3.2.2　灌浆处理

蜗壳底部及座环基础阴角部位混凝土入仓困难，采取浇筑后进行回填灌浆的方法，以确保混凝土密实。首先，在蜗壳底部混凝土浇筑时，埋设回填灌浆管，在保温保压浇筑完成后、蜗壳未卸压前，进行回填灌浆，同时，用基础环上制造商预留的灌浆孔对基础环下二期混凝土进行灌浆。灌浆结束时将灌浆孔清理干净。

回填灌浆的水泥采用中热水泥、浆液浓度为 0.5∶1(水质量∶水泥质量)的水泥浆。在设计规定的压力下出浆浓度达到设计要求浓度比级浆液，灌浆孔停止吸浆，延续灌注 30 min，结束灌浆，闭浆时间不少于 8 h，灌浆结束后，用砂浆将孔封堵填实并抹平。

为防止灌浆对蜗壳抬动的影响，施工中应严格控制灌浆压力，并对灌浆区域分组，采取分序的方法灌浆。

1.3.2.3 预留槽回填

闷头拆除、压力钢管吊装完成后进行预留槽的回填,采用常态混凝土回填,分层回填完成。

1.3.3 机墩风罩混凝土浇筑

机墩要承受发电机和水轮机转轮的动、静荷载,受力情况复杂,结构钢筋较多,混凝土内机电埋件多,混凝土浇筑质量要求高。风罩为薄壁钢筋混凝土结构,外露面成型质量要求高。

风罩模板按设计详细图纸的结构尺寸要求,加工专用定型模板。机墩内部有钢衬的,以钢衬为内模,外侧用定型模板;无钢衬部分内外侧均用定型模板。风罩内外侧模板均采用定型模板,机墩、风罩内的预留孔洞用木模板,外贴宝丽板。

机墩混凝土用门、塔机挂卧罐吊运入仓,浇筑过程中缓慢下料,均匀上升,逐层振捣,杜绝欠振、过振、漏振现象,确保混凝土浇筑内实外光。

风罩混凝土用门、塔机挂小罐吊运入仓,HBT－60 泵机输送混凝土配合入仓,均匀下料浇筑。

机墩混凝土用硬振捣器振捣,局部辅以软管振捣器振捣,风罩混凝土用软轴振捣器振捣。

机墩、风罩混凝土浇筑完成后 10 h 开始洒水养护,24 h 后喷水养护,养护 28 d。

# 2 水电站厂房上部结构的施工

## 2.1 混凝土结构的浇筑

厂房混凝土结构施工有现场直接浇筑、预制装配及部分现浇、部分预制等型式。浇筑时先浇筑竖向结构,后浇梁、板。

2.1.1 混凝土柱的浇筑

2.1.1.1 混凝土的灌注

(1)混凝土柱灌注前,柱底基面应先铺 5～10 cm 厚与混凝土内砂浆成分相同的水泥砂浆,后再分段分层灌注混凝土。

(2)凡截面在 40 cm×40 cm 以内或有交叉箍筋的混凝土柱,应在柱模侧面开口装上斜溜槽来灌注,每段高度不得大于 2 m,如图 5-6 所示。如箍筋妨碍溜槽安装,可将箍筋一端解开提起,待混凝土浇至窗口的下口时,卸掉斜溜槽,将箍筋重新绑扎好,用模板封口,柱箍箍紧,继续浇上段混凝土。采用斜溜槽下料时,可将其轻轻晃动,加快下料速度。采用溜筒下料时,柱混凝土的灌注高度可不受限制。

(3)当柱高不超过 3.5 m、截面大于 40 cm×40 cm 且无交叉钢筋时,混凝土可由柱模顶直接倒入。当柱高超过 3.5 m 时,必须分段灌注混凝土,每段高度不得超过 3.5 m。

2.1.1.2 混凝土的振捣

(1)混凝土的振捣一般需 3～4 人协同操作,其中 2 人负责下料,1 人负责振捣,另 1 人负责开关振捣器。

(2)混凝土的振捣尽量使用插入式振捣器。当振捣器的软轴比柱长 0.5～1.0 m 时,待下料至分层厚度后,将振捣器从柱顶伸入混凝土内进行振捣。当用振捣器振捣比较高

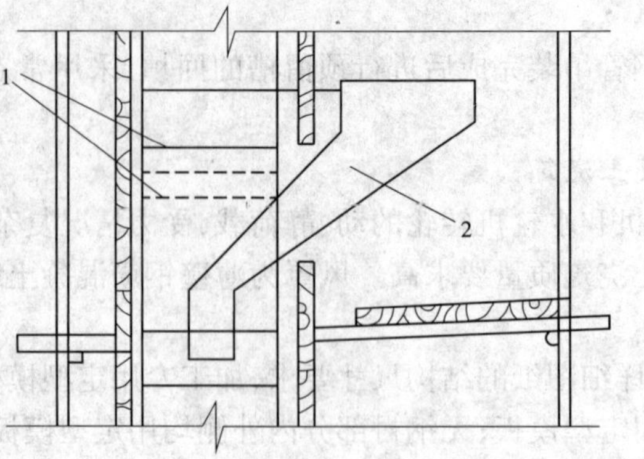


1—钢筋(虚线钢箍暂时向上移);2—带垂直料筒的下料溜槽

**图 5-6 小截面柱侧开窗口浇筑**

的柱子时,则应从柱模侧预留的洞口插入,待振捣器找到振捣位置时,再合闸振捣,如图 5-7 所示。

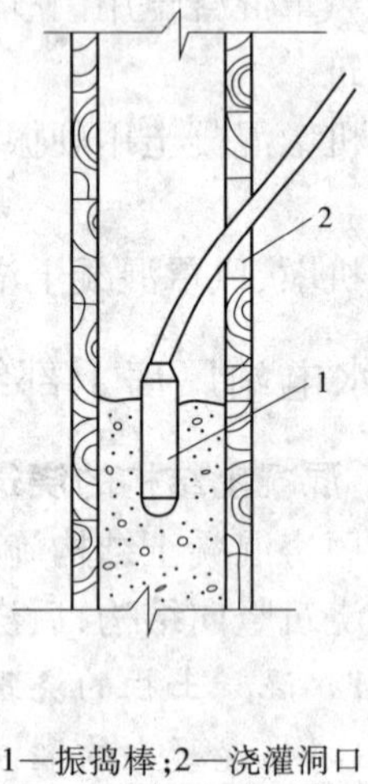


1—振捣棒;2—浇灌洞口

**图 5-7 插入式振捣器从浇灌洞口插入振捣**

(3)振捣时以混凝土不再塌陷,混凝土表面泛浆,柱模外侧模板拼缝均匀微露砂浆为好。也可用木槌轻击柱侧模判定,如声音沉实,则表示混凝土已振实。

2.1.2 混凝土墙的浇筑

2.1.2.1 混凝土的灌注

(1)浇筑顺序应先边角后中部、先外墙后隔墙,以保证外部墙体的垂直度。

(2)高度在 3 m 以内的外墙和隔墙,混凝土可以从墙顶向模板内卸料,卸料时须在墙顶安装料斗缓冲,以防混凝土发生离析。高度大于 3 m 的任何截面墙体,均应每隔 2 m 开洞口,装斜溜槽进料。

(3)墙体上有门窗洞口时,应从两侧同时对称进料,以防将门窗洞口模板挤偏。

(4)墙体混凝土浇筑前,应先铺 5 ~ 10 cm 与混凝土内成分相同的水泥砂浆。

2.1.2.2 混凝土的振捣

(1)对于截面尺寸较大的墙体,可用插入式振捣器振捣,其方法同柱的振捣。对较窄或钢筋密集的混凝土墙,宜采用在模板外侧悬挂附着式振捣器振捣,其振捣深度约为 25 cm。

(2)遇有门窗洞口时应在两边同时对称振捣,不得用振捣棒棒头敲击预留孔洞模板、预埋件等。

(3)当顶板与墙体整体现浇时,楼顶板端头部分的混凝土应单独浇筑,以保证墙体的整体性。

2.1.3 梁、板混凝土的浇筑

2.1.3.1 混凝土的灌注

(1)肋形楼板混凝土的浇筑应顺次梁方向,主次梁同时浇筑。在保证主梁浇筑的前提下,将施工缝留在次梁跨中1/3的范围内。

(2)梁、板混凝土宜同时浇筑。当梁高大于1 m时,可先浇筑主次梁,后浇筑板。其水平施工缝应布置在板底以下2~3 cm处,如图5-8(a)所示。凡截面高大于0.4 m、小于1 m的梁,应先分层浇筑梁混凝土,待浇筑至平楼板底面后,梁、板混凝土同时浇筑,如图5-8(b)所示。操作时先将梁的混凝土分层浇筑成阶梯形,并向前赶。当起始点的混凝土到达板底位置时,与板的混凝土一起浇筑。随着阶梯的不断延长,板的浇筑也不断向前推移。

**图5-8 梁、板混凝土同时浇筑**

(3)采用小车或料罐运料时,宜将混凝土料先卸在拌盘上,再用铁锹往梁里浇筑混凝土。在梁的同一位置上,模板两边下料应均衡。浇筑楼板时,可将混凝土料直接卸在楼板上,但应注意不可集中卸在楼板边角或上层钢筋处。楼板混凝土的虚铺高度可高于楼板设计厚度2~3 cm。楼板厚度的控制工具如图5-9所示。

2.1.3.2 混凝土的振捣

(1)混凝土梁应采用插入式振捣器振捣,从梁的一端开始,先在起头的一小段内浇一层与混凝土成分相同的水泥砂浆,再分层浇筑混凝土。浇筑时两人配合,一人在前面用插入式振捣器振捣混凝土,使砂浆先流到前面和底部,让砂浆包裹石子,另一人在后面用捣钎靠着侧板及底部往回钩石子,以免石子阻碍砂浆往前流。待浇筑至一定距离后,再回头浇第二层,直至浇捣至梁的另一端。

(2)浇筑梁柱或主次梁结合部位时,由于梁上部的钢筋较密集,普通振捣器无法直接插入振捣,此时可用振捣棒从钢筋空档插入振捣,或将振动棒从弯起钢筋斜段间隙中斜向插入振捣,如图5-10所示。

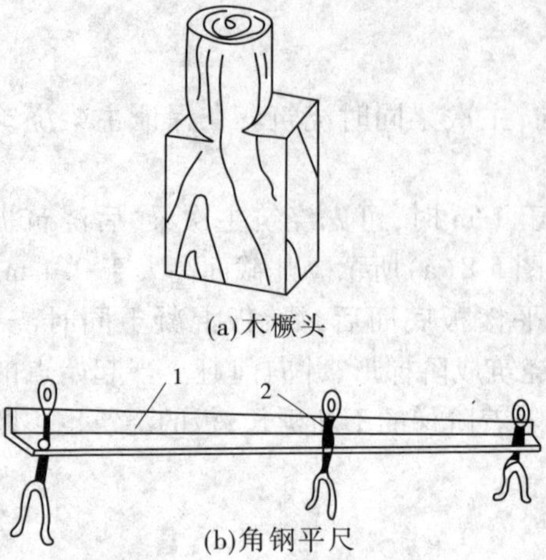


1—角钢;2—可调螺栓脚架
**图 5-9　楼板厚度标志工具**

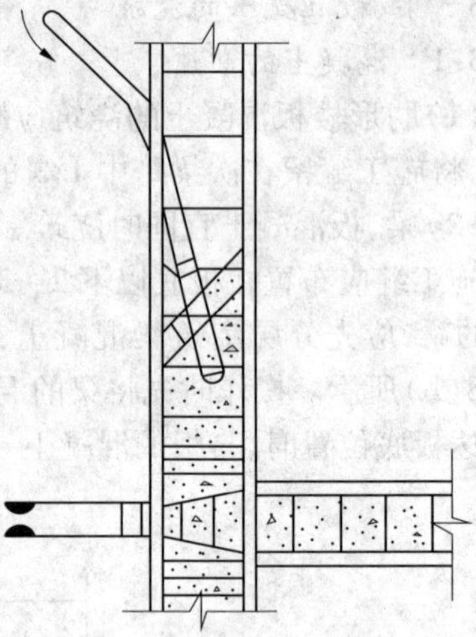

**图 5-10　钢筋密集处的振捣**

(3)楼板混凝土的捣固宜采用平板振捣器振捣。当混凝土虚铺有一定的工作面后,用平板振捣器来振捣。振捣方向应与浇筑方向垂直。由于楼板的厚度一般在 10 cm 以下,振捣一遍即可密实。但通常为使混凝土板面更平整,可将平板振捣器再快速拖拉一遍,拖拉方向与第一遍的振捣方向相垂直。

混凝土结构因尺寸较小,施工中应注意以下问题:

(1)振捣不实。

①柱、墙底部未铺接缝砂浆,卸料时底部混凝土发生离析,石子集中于柱、墙底而无法振捣出浆来,造成底部"烂根"。

②混凝土灌注高度超过规定要求,易使混凝土发生离析,柱、墙底石子集中而缺少砂浆呈蜂窝状。

③振捣时间过长,使混凝土内石子下沉集中。

④分层浇筑时一次投料过多,振捣器不能伸入底部,造成漏振。

⑤楼地面不平整,柱墙模板安装时与楼地面裂隙过大,造成混凝土严重漏浆。

(2)柱边角严重蜂窝。

①模板边角拼装缝隙过大,严重跑角造成边角蜂窝。因此,模板配制时,边角处宜采用阶梯缝搭缝。如果用直缝,模板缝隙应填塞。

②局部漏浆造成边角处蜂窝。

(3)柱、墙、梁、板结合部梁底出现裂缝。

混凝土柱浇筑完毕后未经沉实而继续浇筑混凝土梁,在柱、墙、梁、板结合部梁底易出现裂缝。一般浇筑与柱和墙连成整体的梁和板时,应在柱(墙)浇筑完毕后停歇 1 ~ 1.5 h,使其获得初步沉实,再继续浇筑。

(4)拆模后,楼板底出现露筋。

①保护层垫块位置或垫块铺垫间距过大,甚至漏垫,钢筋紧贴模板,造成露筋。

②浇筑过程中，操作人员踩踏钢筋，使钢筋变形，拆模后出现露筋。

③模板缝隙过大、漏浆严重或下料时部分混凝土石多浆少造成露筋。因此，下料时混凝土料应搭配均匀，避免局部石多浆少，模板的缝隙应填塞，防止漏浆。

# 参考文献

[1] 刘启钊. 水电站[M]. 北京:中国水利水电出版社,1998.

[2] 水电站机电设计手册编写组. 水电站机电设计手册(水力机械)[M]. 北京:水利电力出版社,1983.

[3] 于英乐,申建红,牛腾飞. 工程结构[M]. 北京:化学工业出版社,2006.

[4] 河海大学,大连理工大学,西安理工大学,等. 水工钢筋混凝土结构学[M]. 北京:中国水利水电出版社,1996.

[5] 李廉锟. 结构力学[M]. 北京:高等教育出版社,2005.

[6] 张光斗,王光纶. 专门水工建筑物[M]. 上海:上海科学技术出版社,1999.

[7] 马善定,汪如泽. 水电站建筑物[M]. 北京:中国水利水电出版社,1996.

[8] 水利部长江水利委员会长江勘测规划设计研究院. SL 191—2008 水工混凝土结构设计规范[S]. 北京:中国水利水电出版社,2008.

[9] 许良乾,殷佩生. 画法几何及水利工程制图[M]. 北京:高等教育出版社,2001.

[10] 张文香,曾立云,张丽萍,等. 工程制图基础[M]. 兰州:甘肃教育出版社,2003.

[11] 张治滨,季奎,等. 水电站建筑物设计参考资料[M]. 北京:中国水利水电出版社,1997.

[12] 华东水利学院,等. 水工钢筋混凝土结构学(下)[M]. 北京:水利电力出版社,1975.

[13] 左东启,顾兆勋,等. 水工设计手册[M]. 北京:中国水利水电出版社,1989.

[14] 林继镛. 水工建筑物[M]. 天津:中国水利水电出版社,2006.

[15] 水电水利规划设计总院. SL 266—2014 水电站厂房设计规范[S]. 北京:中国水利水电出版社,2000.

[16] 水电水利规划设计总院. SL 252—2000 水利水电工程等级划分及洪水标准[S]. 北京:中国水利水电出版社,2000.

[17] 水电水利规划设计总院. DLT 5020—2007 水电工程预可行性研究报告编制规程[S]. 北京:中国水利水电出版社,2000.

[18] 水电水利规划设计总院. DL 5180—2003 水电枢纽工程等级划分及设计安全标准[S]. 北京:中国水利水电出版社,2000.

[19] 福建省水利水电勘测设计研究院. SL 179—2011 小型水电站初步设计报告编制规程[S]. 北京:中国水利水电出版社,2011.

[20] 顾鹏飞,喻远光. 水电站厂房设计[M]. 北京:水利电力出版社,1987.

[21] 张治滨,季奎. 水电站建筑物设计参考资料[M]. 北京:中国水利水电出版社,1996.

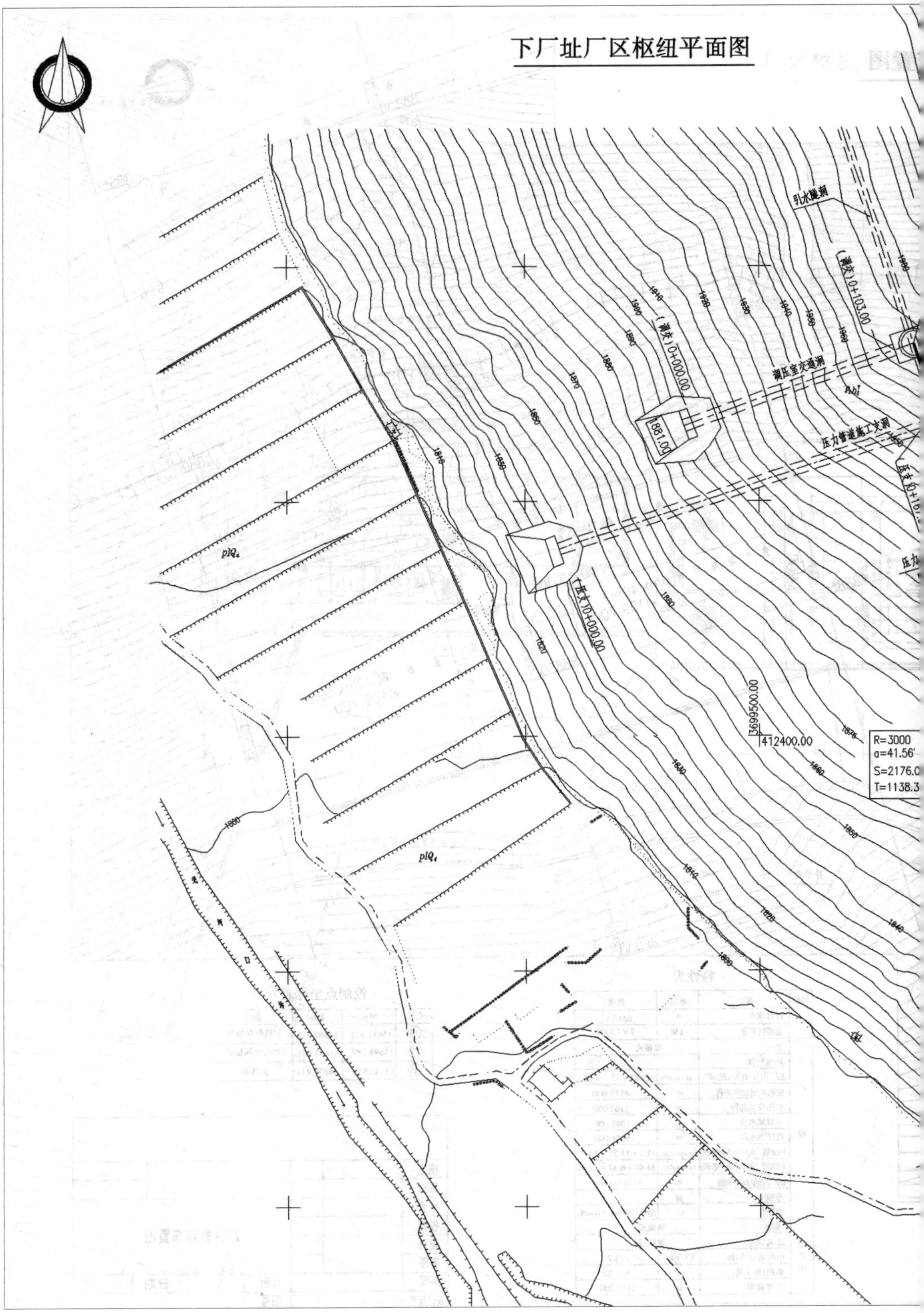
下厂址厂区枢纽平面图
引水隧洞
调压室交通洞
压力管道施工支洞
(调支)0+103.00
(调支)0+000.00
(压支)0+000.00
1881.00
3699500.00
412400.00
R=3000
α=41.56'
S=2176.0
T=1138.3
plQ4

附图2　厂区枢

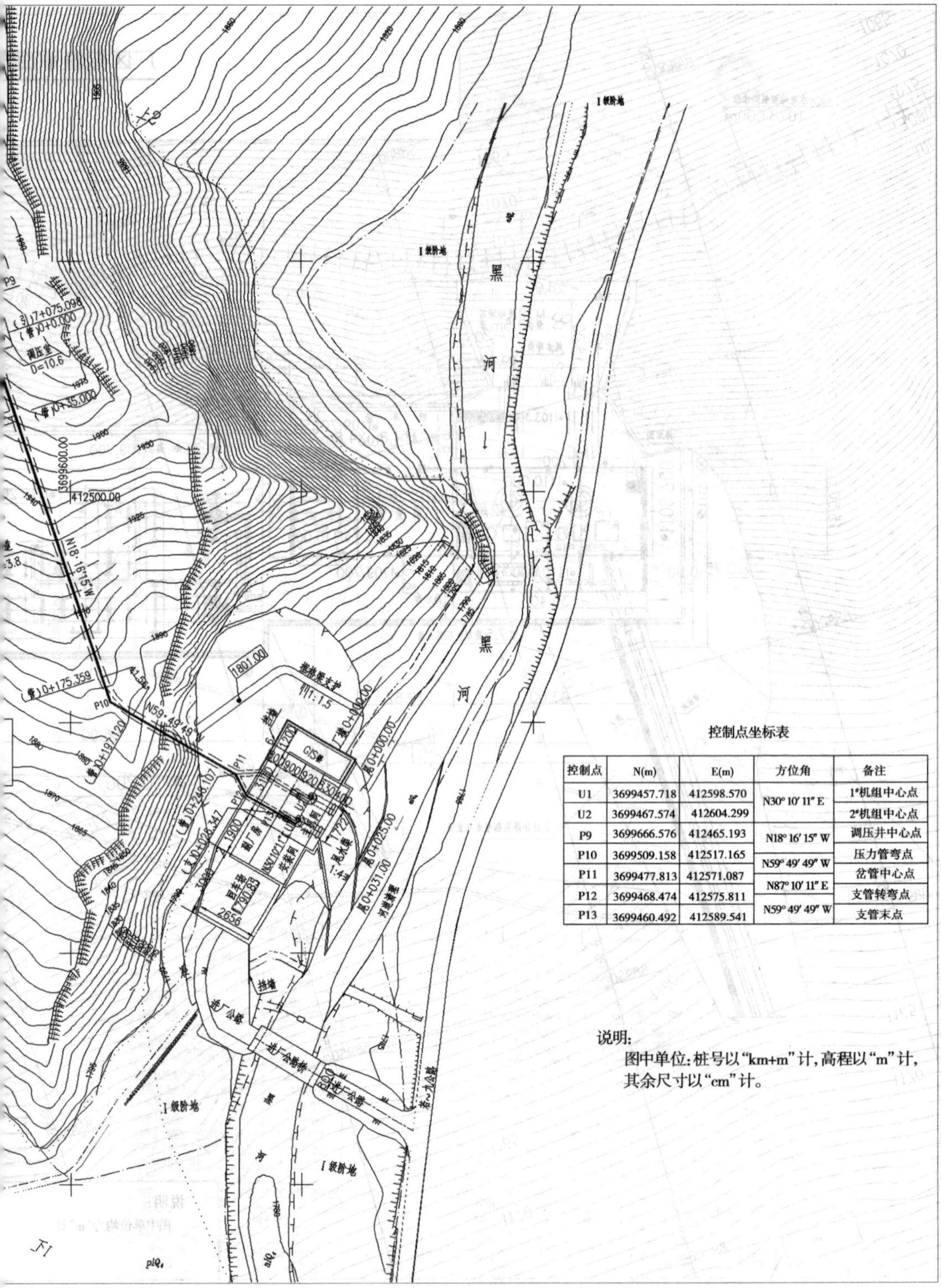


控制点坐标表

| 控制点 | N(m) | E(m) | 方位角 | 备注 |
|---|---|---|---|---|
| U1 | 3699457.718 | 412598.570 | N30°10′11″E | 1#机组中心点 |
| U2 | 3699467.574 | 412604.299 | | 2#机组中心点 |
| P9 | 3699666.576 | 412465.193 | N18°16′15″W | 调压井中心点 |
| P10 | 3699509.158 | 412517.165 | N59°49′49″W | 压力管弯点 |
| P11 | 3699477.813 | 412571.087 | N87°10′11″E | 岔管中心点 |
| P12 | 3699468.474 | 412575.811 | N59°49′49″W | 支管转弯点 |
| P13 | 3699460.492 | 412589.541 | | 支管末点 |

说明：
图中单位：桩号以“km+m”计，高程以“m”计，其余尺寸以“cm”计。

纽平面布置图实例二